충남대학교시민사회연구소 · 대전시민사회연구소 · 충남대학교 철학과 ‖ **시민사회연구 시리즈 05**

21세기 글로벌 기후변화와 윤리적 정의(Justice)

충남대학교시민사회연구소 · 대전시민사회연구소 · 충남대학교 철학과 ‖ **시민사회연구 시리즈 05**

‖ 21세기 글로벌 기후변화와 윤리적 정의(Justice) ‖

발행일 2015년 08월 21일 **발행인** 정상철
지은이 양해림 · 정윤승 · 김명식 · 이유진 · 지명훈 · 김종남 · 윤순진
펴낸곳 충남대학교출판문화원 **주소** 대전광역시 유성구 대학로 99
전화 042-821-6045 **홈페이지** www.cnupress.co.kr **E-mail** cnupress@cnu.ac.kr

ISBN 978-89-7599-544-6 93190
정가 12,000원

충남대학교시민사회연구소 · 대전시민사회연구소 · 충남대학교 철학과 | 시민사회연구 시리즈 05

21세기 글로벌 기후변화와 윤리적 정의(Justice)

양해림 · 정윤승 · 김명식 · 이유진 · 지명훈 · 김종남 · 윤순진

충남대학교출판문화원

여기에 실린 글들은 김명식 교수(진주교대)의"기후변화와 윤리적 쟁점"을 제외하고 충남대학교 시민사회구소와 충남대학교 철학과, 대전환경운동연합 공동으로 지난 2015년 5월 19일 "21세기 글로벌 기후변화와 윤리적 정의(Justice)"의 심포지움에서 발표한 내용들을 보완하여 수록한 것이다. 이 책에서 21세기 기후변화를 윤리적 문제로서 다루어야 하는 이유는 시간과 공간에 의해 피해와 혜택이 분리되고 가장 취약한 계층에는 기후변화의 재앙이 되며, 기존의 정부는 종래에 그들의 관점을 극복하고 윤리적 책임감에 따라 행동을 해야 하기 때문이다.

주지하듯이, 유엔기후변화협약은 지난 1992년 6월 브라질의 리우환경회의에서 지구온난화에 따른 이상 기후현상을 예방하기 위한 목적으로 채택되었다. 그리고 지난 2014년 12월10일 제20차 유엔기후변화협약 당사국 총회가 페루 리마에서 열렸다. 처음 이 협약은 인류에 의해 발생되는 위험하고 인위적인 요소들이 기후체제에 영향을 미치지 않도록 대기 중 온실가스의 농도를 안정화시키는 것을 궁극적인 목적으로 삼고 있다. 유엔기후변화협약(UNFCCC)에서 제안한 '형평성'에 대한 조작적 정의(Justice)는 다양하게 나타난다. 하지만 유엔기후변화협약의 '형평성'을 정의하는 모든 제안들이 실제로 윤리와 정의를 존중하고 있다고 보기 어렵다. 사실상 유엔기후변화협약의 형평성을 적용하기 위한 제안서들 중에서 지구적 책임과는 관계없는 자국의 이익에만 근거한 것들도 있다. 국가들의 온실가스 목표치의 분배의 형평성 문제에 올바르게 접근하기 위해서 제안자들은 분배적 정의의 원칙을 따라야 한다.

지금까지의 전통적인 분배정의는 공공정책의 득실이 공정성의 개념에 따라 분배되는 것을 요구해 왔다. 이것은 필요나 업적과 같이 도덕적으로 적절한 고찰에 의해 수정될 수 있다. 분배적 정의는 언제나 동등한 분배를 요구하지만, 다른 이들과 다르게 대우받기를 원하는 사람은 다른 대우가 도덕적으로 올바른 기준에 의거함을 증명할 책임을 가진다. 이런 이유 때문에 분배적 정의는, 모든 사람들이 동등하게 대가를 사용할 권리에 기초하지 않는 형평성의 정의를 제안하는 사람은 자신의 주장이 업적, 응당한 보상 또는 다른 도덕적으로 적실한 기준에 의해 근거한 것임을 증명할 부담을 져야 한다. 기후변화협약은 부의 재분배 방법일 뿐 최선의 방법은 아니다. 부를 재분배하는 보다 최선의 방법이 있다면, 기후협약이 그렇게 하도록 이용해서는 안 될 것이다. 국가들이 윤리적으로 요구되는 행위를 거절할 것이라고 말하는 것은 윤리적 요건의 위반에 대해 용서를 구하는 것이 아니다. 국가의 이익을 무시하는 윤리적 논쟁은 환상이다. 가장 강력한 국가들의 이익을 향상시키는 것은 윤리적 기반을 갖지 못할 수 있다. 이러한 고려사항들에 균형을 기하고 윤리적이면서도 동시에 실현 가능한 협약을 만드는데 함께 노력을 기울여야 하는 것은 당연하다.

지난 2014년 한국의 온실가스 배출량은 세계 7위이고, 누적 배출량은 세계 19위였다. 이제 한국은 온실가스 배출수준(2012년 배출량 세계 7위, IEA), 능력(2014년 GDP 세계 13위, WB) 등을 고려하여 후퇴금지(no backsliding) 원칙에 부합하는 장기감축목표를 설정해야 할 과제를 떠맡게 되었다. 제20차 유엔기후변화협약

당사국총회(COP20)가 지난 2014년 페루의 리마(12월 1일~12일)에서 개최했다. 각국 정부대표가 승인한 2020년 이후 신기후 체제에 대한 국제협상은 Post-2020 온실가스 감축목표 수립 등 기후변화의 대응 정책에 중요한 가이드라인이 될 것으로 전망된다. 제19차 기후변화총회에서 Post-2020 감축목표 등 각국이 자체적으로 결정한 기여(INDC, Intended Nationally Determined Contribution)를 제21차 기후변화총회(2015년 12월) 이전에 충분한 시간을 갖고 제출하기로 하였다. 이 협약에서 미국, 중국 등 선진국과 개발도상국 구분 없이 지구촌 190여 개국이 기후변화에 공동 대응하기로 했다. 지난 1997년에 마련되어 지난 2012년까지 시행된 교토의정서의 경우 선진국들에만 온실가스 감축 의무를 부과했으며, 한국이나 중국 등 개발도상국은 감축 의무가 없었다. 향후 2020년 이후에 대해 현재 국내 감축목표 수준보다 강화된 기여를 제출하도록 요구하고 있다. 기후협약은 선진국에서 개발도상국으로부터 부의 재분배가 이루어질 수 있도록 다음과 같은 세 가지 가능성을 예상한다.

첫째, 기후변화 협약은 선진국이 부유하기 때문에 개발도상국보다는 선진국에 대해 더욱 엄격한 감축 의무를 규정해야 한다. 이것은 언제, 어디서, 어떻게 정책이다. 둘째, 기후변화 협약의 기후목표, 배출량 감축 및 그에 따른 기후변화의 완화는 선진국들보다 개발도상국들의 관심을 더욱 추적해 나가는 것이다. 셋째, 기후변화 협약의 목표 및 의무들은 지구적 차원에서 도출해 내는 것이 최선의 정책일 수 있지만, 개발도상국들에 대한 부유한 선진국들의 부대비용(side payments)을 발생시킬 수 있다.

이와 같이 이 책은 기후변화와 윤리적 정의에 초점을 맞추어 편찬하고자 했다. 끝으로 귀중한 옥고를 보내주고 원고를 다듬어 주신 선생님들께 감사의 말씀을 전하고 싶다. 또한 어려운 출판계의 상황임에도 불구하고 기꺼이 이 책의 출판을 허락해 준 민경택 충남대학교 출판문화원장님과 양광준 과장님, 그리고 편집자분들께 감사한 말씀을 전한다.

2015년 7월

집필자를 대신하여

양해림

01 21세기 글로벌 기후변화와 윤리적 정의(Justice)

02 사회적 정의(Justice)와 기후변화에 관한 롤즈의 관점과 그에 대한 과정 철학적 이해

03 기후변화의 윤리적 쟁점

04 POST 2020 체제 현황과 전망

- 20차 리마총회 논의와 한국 2030 온실가스 감축 목표량을 중심으로 -

05 기후변화와 의사소통적 합리성

-한국과 미국 언론의 기후변화 뉴스 프레임 비교연구를 중심으로-

06 충청권 지방정부의 기후변화 대응정책 현황과 과제

07 공유지 비극론을 통해 본 기후변화 대응과 기후정의: 당위와 현실의 간극

01

21세기 글로벌 기후변화와 윤리적 정의(Justice)

양해림(충남대학교 철학과 교수)

‖ 바람직한 대전 시민사회와 거버넌스(governance) ‖ **01**

21세기 글로벌 기후변화와 윤리적 정의(Justice)[1]

양해림(충남대학교 철학과 교수)

1. 들어가는 말

세계 각국은 지난 "18세기~19세기 산업혁명 이후"[2] 경제 발전이라는 구호 아래 열심히 앞만 보고 달려 왔다. 그래서 각 세계국가들은 물질의 풍요와 생활의 편리성을 어느 정도 이루어 놓았지만, 지구 환경은 점차 신음하며 죽어가고 있다. 이제 환경문제는 어느 특별한 한 국가의 노력만으로 해결할 수 없

---

1 이 글은『환경철학』, 제19집, 한국환경철학회, 2015, 1-33쪽에 실린 내용을 수정 · 보완하였음.

2 최초로 대기중 이산화탄소 농도를 측정한 것은 1958년 해발 4000미터인 하와이 마우나로아 산꼭대기에서 였다. 마우나로이 측정소에서 데이터를 종합해 보면, 대기중 이산화탄소 농도는 산업화이전 약 280ppm에서 380ppm까지 증가했다. 지난 65만년 동안 대기의 이산화탄소가 자연적으로 180ppm에서 300ppm사이를 오르내렸다. 따뜻한 기간과 추운기간사이의 인산화탄소 농도 차이는 80ppm으로서 지난 100년 동안 우리가 대기에 쏟아놓은 인산화탄소에 해당하는 양이다.(마크 미슬린 2013: 21)

기 때문에 그 심각성은 엄청나다. 21세기가 직면한 가장 심각한 문제 중 하나는 기후변화다. 지금까지 이산화탄소와 다른 온실가스가 대기 중 방출되어 지구의 기후를 변화시켜 왔다. 향후에도 기후변화는 지속적으로 변화할 것이며 이전보다 훨씬 가파르게 평균기온이 상승할 것이다. UN산하의 기후변화에 관한 정부 간 협의회(the Intergovernmmtal Panel on Climate Change, IPCC) 의 보고들은 기온상승의 과학적 합의를 이루어 냈다. IPCC[3]는 지난 20년간 기후변화가 우리의 일상적 삶에 미치는 각종 문제들에 대한 심도 있는 보고서를 내 놓았다.

지난 2012년 IPCC 부회장이었던 모한 무나싱헤는 케임브리지 강연에서"온실가스 배출이 증가하는 결과 사회문제들이 더욱 악화되는 디스토피아적 세계의 가능성"을 설명하기도 했다. 이러한 "기후변화는 현존하는 빈곤, 환경 파괴, 사회 양극화, 테러리즘 등의 문제를 악화시키고, 매우 혼란스러운 상황을 추가적으로 조성하는 요인"(이안 앵거스, 2012: 42)이 되고 있다. 이제까지 IPCC를 비롯하여 많은 과학자들은 기후변화의 심각성에 대해 지속적으로 경고하고 있지만, 이에 대해 다양한 이해관계자들이 얽혀 있기 때문에 기후변화의 심각성에 합의점을 이끌어내기까지는 험난한 여정을 예고하고 있다. 이산화탄소 배출의 핵심 요인은 화석연료의 생산과 소비이지만, 산업 활동이나 농업과 관련된 다른 기여요인들도 많다. 인간은 농경지를 확보하기 위해 숲을 파괴하고, 토지를 이용하여 천연의 이산화탄소 흡수원을 감소시켜 오면서 이산화탄소의 축적을 더욱 증가시켜 왔다. 이렇듯 인류는 기후변화로 인해 피할 수 없는 수백만의 홍수, 질병 및 기타 위험에 의한 죽음 등 심각한 위기 상황을 야기하고 있다.

---

3 기후변화에 관한 정부간 패널은 1988년 세계기상기구(WMO)와 유엔환경계획(UNEP)이 공동으로 설립한 유엔산하 구제협의체다. IPCC는 개별단체가 아니라 과학자 및 해당분야 행정 관료가 포함된 다양한 분야의 조직으로 구성되어 있다. 기후변화에 관한 과학적, 생태적, 사회경제적 분석을 통해 정책을 권고하는 구실을 한다. 현재 5차례의 기후변화 보고서를 제출했다. 이 위원회는 기후변화협약과 교토의정서를 협상하는데 커다란 영향을 끼쳤다. IPCC 보고서의 저자는 가구 정부와 비정부(NGO)를 포함한 국제기구가 추천한 인사들로 구성되어 있다. IPCC는 지난 미국 부통령 앨 고어와 함께 20년 동안 기후변화를 널리 알린 공적으로 2008년 노벨평화상을 공동 수상했다.

최근 이러한 글로벌 기후변화의 문제는 학제간 연구로 활발하게 진행되어 오고 있다. 이는 유엔 기후변화패널이나 IPCC와 같은 유엔기구의 역할이 학제간 연구진행에 결정적으로 작용하였다.[4] 기후변화 유엔기구나 연합체는 각계각층의 다양한 전문가들의 의견교환을 촉진시키면서 기후변화의 다학문적 연구를 축적해 왔다. 기후변화의 문제는 단순히 결과론적 원인 분석에 그치지 않고 그러한 결과를 낳게 한 근본적인 원인을 찾아내는데 있다. 특히 기후변화의 문제는 인간의 활동과 관련된 역사적, 문화적, 사회적, 정치적 원인에 대한 인문 사회과학적 연구와 그 인간 활동 결과의 파국적 종말을 최대한 막기 위해 다각도의 노력을 기울여 왔다(Anthony Giddens 2009: 48). 이렇게 기후변화의 연구는 자연과학뿐만 아니라 사회공학, 국제정치에 이르기까지 광범위하게 확산되어 나가고 있다. 이제 21세기 글로벌 기후변화는 광범위한 두 부류의 측면에서 다음과 같이 논의해 오고 있다.

첫째, 기후변화의 원인과 미래를 예측하는 자연과학적 접근의 연구, 둘째, 어떻게 기후변화에 대해 적절히 대응하고 모색할 것인지에 대한 인문, 사회과학적 연구가 그것이다. 하지만 이 두 영역은 서로 독립된 분야가 아니다. 특히, 과학자를 비롯한 전문가들은 지구 온난화와 이에 따르는 기후 변화의 위험에 대해 대체적으로 합의하고 있기 때문에 새로운 기후환경에서 자연과학적, 사회문화적, 그리고 제도적으로 어떻게 적응할 것인지의 논의는 여전히 중요하게 작동한다. 여기서 기후변화의 적응에 대한 논의는 본질적으로 그 예측과 대응의 두 축을 형성한다(IPCC 2007). 이러한 두 축은 기후변화의 원인을 규명하는 연구 결과에 대체로 따른다. 따라서 필자는 이 글에서 향후 21세기 글로벌 기후변화가 지구상의 어떤 지역에서 어떤 형태의 위협으로 나타날 것인지, 기후변화를 적절하게 통제할 경우 각국이 얻게 될 이득의 내용은 구

4 IPCC에서 이루어진 기후변화 관련된 논의의 역사에 대해 중요한 역할을 했던 과학자의 시각에서 파악한 Bolin 2007을 참조.

체적으로 무엇인지, 그리고 기후변화에 대응하는 조치에 수반되는 비용은 어떻게 교정적, 분배적 정의를 형평성에 맞게 조정할 것인지를 중심으로 고찰해 보고자 한다.

2. 글로벌 기후변화의 위협과 지구한계선

21세기 들어 글로벌 기후변화의 위협이 가속화되면서 지구한계선의 논의도 점차 빈번해지고 있다. 유엔의 지난「2007-2008 인간개발보고서」는 21세기의 글로벌 기후변화의 위협에 대해 다음과 같이 경고한 바 있다. 첫째, 지구는 기후변화로 인해 가뭄, 온도 상승, 사막화, 불규칙해진 강수로 등 농업시스템이 붕괴되면서 6억 명 이상의 인구가 영양실조에 노출될 우려가 있다. 둘째, 남아시아와 중국 북부에 2028년경 18억 명의 인구가 추가로 수자원 압박을 받게 되고, 빙하의 침식과 강수패턴의 변화로 인해 향후 심각한 생태적 위기에 빠질 수 있다. 셋째, 홍수와 열대성 폭풍의 영향으로 인해 해안 지역과 저지대에 살고 있는 3억 3200만 명이 이주하고, 7000만 명 이상의 방글라데시인과 2200만 명 이상의 베트남인, 6000만 명의 이집트인이 홍수 피해를 입을 수 있다. 넷째, 4억 명 이상의 인구가 말라리아 위험에 노출되는 등 건강 피해가 확대될 수 있다. 이와 같이 기후변화가 완화되지 않으면, 세계에서 개발도상국들과 주민들의 생활이 급락하고, 수백 만 명이 영양실조, 물 부족, 생태위기, 생계손실의 늪에 빠질 것이다(UNDP, Human Development Report 2007/2008).

지난 2013년 제5차 IPCC 평가보고서에 따르면, 지난 1880년부터 2012년까지 기간 동안에 지구의 기온은 0.85℃ 올랐다. 이 보고서는 지난 1986년부터 2005년까지 기간과 비교하여 향후 2016년부터 2035년까지 기간 동안에 0.3℃

~0.7℃ 사이에 평균기온이 점차적으로 상승할 것이라 경고한다. 다시 말해 향후 2081년부터 2100년까지 기간 동안에 지난 1986년부터 2005년 기간에 비해 0.3-1.7℃ 평균기온이 상승할 것으로 예측한다. 즉, 지난 제4차 보고서와 비교하여 21세기는 2.6℃-4.8℃ 사이의 기온이 상승할 것이라 예상한다(IPCC 2013: 15). IPCC 제5차 보고서에서 온실가스의 감축 없이 현재와 같은 추세로 온실가스를 배출하는 이산화탄소(CO_2) 농도가 2100년 936ppm에 도달할 경우, 21세기 말(2081~2100년) 지구의 평균기온은 1986~2005년에 비해 3.7℃ 오르고 해수면은 63cm 상승할 것으로 전망된다. 그러나 감축이 상당히 실현되는 경우(CO_2 농도가 2100년 538ppm에 도달할 경우), 평균기온은 1.8℃ 정도로 상승폭을 완화시킬 수 있을 것으로 예측한다(2013 IPCC:12).

2015년 『사이언스』 지는 「9가지 지구한계선 중 4가지가 위험 경계를 넘다(Four of nine planetary boundaries have been crossed)」는 기고를 통해 기후변화의 경각심을 불러 일으켰다. 지구한계선(Planetary boundaries)의 연구 계획은 지난 2009년 스웨덴 스톡홀름대 스톡홀름 복원 센터(Stockholm Resilience Centre, SRC)에서 처음으로 제시되었다. 이러한 제시는 지구적 지속가능성을 위해 지구한계선을 이해하려는 노력의 일환이다. 『사이언스』 지는 지구한계선을 다음과 같이 지적한다. ① 기후 변화 ② 생물권 보전의 변화(생물다양성 손실 또는 종의 멸종) ③ 성층권 오존층 파괴 ④ 해양 산성화 ⑤ 생물지구화학적 흐름(인과 질소 순환) ⑥ 토지 시스템 변화(예를 들어 산림 파괴) ⑦ 담수 이용 ⑧ 대기의 에어로졸 운반 ⑨ 새로운 물질 등장, 유기 오염 물질, 방사성 물질, 나노 물질, 마이크로-플라스틱 등)이 그것이다. 이 가운데 기후 변화, 생물권 보전의 변화(생물다양성 손실 또는 종의 멸종), 생물지구화학적 흐름(인과 질소 순환), 토지 시스템의 변화가 현재 지구한계선을 초과하고 있다. 방사성 물질이나 나노 물질 같이 잠재되어 있는 위험들도 심각한 상태이다. 과학자들은 지속적으로 새로운 생물다양성의 지구한계에 대해 경고한다. 이 가운데에서 기후변화와 생물권 보전은 지구한계의 '핵심경계'이다. 왜냐하면 이들 핵심 경계 중 어떤 하나라도 변하면 지구 시스템은 새로운 상태로 바뀔 수 있기 때문이다.

전 세계 500만 명 개인 후원자들과 정부기관으로 지원을 받아 운영하고 있는 최근 세계자연기금(WWF)은 팬더곰, 북극곰, 오랑우탄, 고릴라, 호랑이 등의 멸종위기의 동·식물보호 및 서식지 보존, 산림보호, 습지보전, 해양생태보호 등 다양한 보존 프로그램과 기후변화의 대응 프로그램들을 운영하면서 기후변화가 자연환경 및 생물다양성의 미치는 영향에 경각심을 일깨우고 있다. 세계자연기금에 따르면, 해마다 파괴되는 산림지역이 남한 면적보다 넓은 11만~15만㎢에 달한다. 매 분마다 축구장 36개 정도의 산림이 파괴되고 있는 것이다. 지금까지 인간이 파괴한 산림은 40%에 가깝다. 무분별한 산림파괴는 에너지와 수증기, 태양열 흡수에 변화를 주어 기후변화를 초래할 뿐 아니라 생물다양성에도 큰 영향을 미친다. 지구상에 생물 종은 인류에게 다양한 자원을 제공하며 인류가 지구상에 오래 존재하도록 도와준다. 그런데 인류는 오랜 기간 생태계의 자원을 과도하게 이용하였기 때문에 다른 생물들의 생태 교란을 끊임없이 유발했다. 최근 1년 동안 100만종의 생물 가운데 100~1천종의 생물이 멸종했다. 또한 인간은 기존 생물들의 서식지를 침범하여 자신들에 필요한 영역으로 바꾸고 환경을 오염시키면서 기후변화를 초래했다. 이러한 다양한 기후변화들은 생물다양성을 지속적으로 감소시키는 주요 원인으로 작용하였다. 따라서 21세기 들어 지구의 생물다양성 파괴는 이미 지구한계선을 훨씬 넘어섰고, 고위험의 영역에 들어섰다. 따라서 궁극적으로 기후변화는 전체 인류를 위협한다. 그러나 가난한 사람들은 우리가 쌓아가고 있는 생태 부채에 대해 책임이 거의 없는데도 생명이라는 가장 혹독한 비용을 지불하고 있다(Climate Change threans unprecedented human development reversal, 2007: 11. 27).

무엇보다 글로벌 기후변화의 핵심은 많은 인구에게 충분한 식량을 공급해야 한다는 점이다. 이 떄문에 인구의 과잉은 농지 면적을 늘려야 하고, 이로 인해 서식지가 부족해진 생물들이 생겨나서 생물의 다양성은 더욱 감소할 수 있다. 지난 2012년 한국 환경정책평가 연구원의 「중장기 생물다양성전략 추진체계 연구에 따르면, 인구 증가로 전 세계 육상생물의 다양성이 10% 줄고 생물 다양성이 풍부한 지역조차 13% 줄어들었다. 특히 아시아, 유럽, 남아프리카에서 인구 문제로 인한 생물다양성의 감소는 그 어느 때 보다도 심각한 상황이다. 이미 지구온난화의 예견할 수 있는 두드러진 결과는 높은 산악지대의 얼음평면의 용해로 추측한다.[5] 이러한 것과 함께 바다반사의 상승, 낮은 곳에 위치한 섬의 범람, 해변가가 상승할 것이며,[6] 서부 사하라처럼 아주 메마른 사막 지역에서 감소하는 생필품의 생산과 물건조가 점차 첨예화되고 있는 것이다.

3. 기후변화와 온실가스 배출권 거래제

지난 2014년 한국의 온실가스 배출량은 세계 7위이고, 누적 배출량은 세계 19위였다. 한국은 온실가스 배출수준(2012년 배출량 세계 7위, IEA), 능력(2014년 GDP 세계 13위, WB) 등을 고려하여 후퇴금지(no backsliding) 원칙에 부합하는 장기감축 목표를 설정해야 한다. 제20차 유엔기후변화협약 당사국총회(COP20)가 지난 2014년 페루의 리마(12월 1일~12일)에서 개최되었다. 향후 2020년 이후 신기후체제에 대한 국제협상은 Post-2020 온실가스 감축목표 수립을 포함하여 기후변화의 대응 정책에 중요한 가이드라인이 될 것으로 전망한다. 제19차 기후변

---

5 지구온난화로 생존을 위협받고 있는 남태평양 피지 인근의 아홉 개 산호섬으로 이루어진 섬나라 투발로는 기후변화의 첫 번째 피해자로 전 세계에 주목을 받고 있다. 투발로는 총면적 27Km, 인구 11,000여명의 세계에서 4번째로 작은 나라이다. 투발루를 이루는 섬들은 평균해발고도가 1-2미터 정도이고 가장 높은 곳도 3.7미터에 불과하다. 그래서 조금이라도 바닷물의 수위가 높아지면, 삶의 터전이 현저히 줄어든다. 지구온난화로 인해 해수면이 상승하면서 실제로 그런 일이 벌어지고 있다(Broome, John 2012: 49).

6 지구 온난화의 다른 지역에서 지역경제에 이득을 챙긴다. IPCC보고서는 이렇게 평가했다."지구적으로 식량생산을 위한 잠재력은 1-3도 정도 이상 지역적인 평균기온이 증가했다. (IPCC 2007:48)

화총회에서 Post-2020 감축목표는 "각국이 결정한 기여(INDCs, Intended Nationally Determined Contribution)"[7]를 제21차 기후변화총회(2015년 12월) 이전에 충분한 시간을 갖고 제출하기로 하였다. 이 협약에서 미국, 중국 등 선진국과 개발도상국을 구분하지 않고 지구촌 190여 개국이 기후변화에 대해 공동 대응하기로 했다.

지난 1997년에 마련하여 2012년까지 시행된 교토의정서의 경우 선진국들에만 온실가스 감축 의무를 부과했으며, 한국이나 중국 등 개발도상국은 감축할 의무가 없었다. 개발도상국은 향후 2020년 이후에 현재 국내 감축목표 수준보다 강화된 의무를 요구하고 있다. 여기서 국가의 능력 · 수준에 부합하는 감축목표를 제출할 것을 요구했다. 특히, 선진국을 포함한 주요 국가들이 2015년 1/4분기까지 INDCs의 종합 보고서를 2015년 11월 1일까지 국내 INDCs에 제출을 요구했다. 이에 따라 한국은 Post-2020 감축목표를 해야 한다. 한국 정부는 온실가스를 감축하려는 노력의 일환으로 지난 2015년 1월부터 아시아 최초로 전국 단위 온실가스 배출권(pollution credit) 거래제[8]를 도입했다. 이러한 온실가스 배출 거래제(Emissions Trading System)는 향후 다음과 같은 일들을 예상한다. 첫째, 현재나 미래에 부유한 선진국들은 온실가스 배출을 감축하는 정책을 채택해야 한다. 이런 정책들은 화석연료를 태우거나 숲을 없애거나 지구온난화에 기여하는 행위에 대해 비싼 대가를 지불해야 한다. 이는 배출권거래제도와 같은 대안적 정책들을 통해 배출권을 팔거나 거래한다. 이러한 대안적 방법들은 정치적으로 실현가능해야 한다. 둘째, 조세, 배출권

---

7 지난 총회에 참가한 각국 대표들은 지구 온난화의 주범인 화석연료 감축안에 동의했다. 또한 개발도상국에 대한 선진국의 재정적 지원에도 합의했다. 각국은 현재 감축량을 웃도는 목표를 제시하기로 하고, 감축안은 유엔 기후변화협약 홈페이지를 통해 공개하기로 했다. 협상의 핵심으로 지적되었던 각국의 기여(INDCs)와 관련하여 제출된 INDCs의 종합적 효과에 대한 종합보고서를 Post-2020 감축목표 등 각국의 기여 제출 범위, 제출시기, 협의절차, 제출정보 등을 담은 당사국총회 결정문을 채택했다. 하지만 개별 국가별로 강제 의무 할당이 아닌 자율에 맡기면서 절반의 성공이라는 비판도 제기되었다. 향후 2020년까지 감축을 강화하기 위해 기존의 2020년까지 기후변화 대응행동 이행에 대한 점검 절차를 마련하고, 추가적인 감축이 가능한 부문(신재생에너지, 건축, 도시 등)을 분석하여 기술보고서와 정책결정자용 추가적인 감축을 유도하기로 합의하였다.

8 오염배출권 거래제란 정부가 온실가스 총 배출량 산출을 기초로 목표에 부합하는 일정량의 거래 가능한 배출권을 발행하고, 배출자가 그 권리를 할당받거나 구입하여 보유 배출권 범위 내에서 온실가스를 배출하는 제도이다. 이 배출권은 시장에서 매매가 가능하다.

거래제등 어떤 정책이 선택되는지 간에 세계 각국의 정부는 협약을 통해 조정해야 한다.

주지하듯이, 지구온난화는 전 지구적 문제이다. 지구온난화는 지구의 공유자들, 이산화탄소와 다른 온실가스를 저장할 공기의 수용가능성에서 나타난다(이안 앵거스, 2012: 10-11). 온실가스 오염배출권의 거래는 이산화황의 통제를 위해 지난 1989년 미국에서 시작되었다. 여기서 미국은 교토의정서의 탄소 거래 체계를 적용하였다. 본래 배출거래제는 교토의정서의 요구를 충족하기 위해 만들어 졌다. 이는 정해진 배출허용량을 각국의 국가별 할당계획을 통해 산업계에 할당하게 하는 것이다. 지난 미국의 부시정부는 경제에 해(害)가 될 것이라는 이유를 들어 교토의정서를 거부하였다. 하지만 모든 자본가들이 이런 견해에 동의한 것은 아니었다. 또한 지속적으로 유럽연합은 기후변화의 문제에 많은 관심을 보여 왔고, 미국과는 다르게 관심과 행동을 보여 주었다. 실제로 EU는 배출권거래제라는 프로그램을 만들었다. 그 제도는 EU 온실가스의 약 40%를 차지한다.

첫째, 온실가스 오염배출권은 배출감축의 효과가 경미한 수준에서 거래된다. 거래과정에서 잠재적으로 엄청난 가치가 추가된다. 둘째, 온실가스 오염배출권은 청정개발체제(Clean Development mechanism, CDM)라 불리는 것으로서 북반구 기업이 남반구에서 유칼립투스 나무 공장 같은 탄소격리(carbin sequestration) 프로젝트를 할 수 있는 허가권을 부여했다. 이것은 기업들에게 미래에 탄소가 재활용될 것이라는 공상적인 희망을 불어 넣어 오염의 자유를 지속적으로 허용하였다. 이러한 배출권거래제는 부유한 선진국이 온실가스를 배출할 수 있는 권리를 가난한 개발도상국에게 돈을 지불한 대가로 선진국가들의 합리적인 시장을 상정하는 것이다. 이런 부류의 시장에서도 각 국가들은 협력을 필요로 한다. 하지만 지구적으로 세계화된 신자유주의는 국간간의 협력을 기대하기란 쉽지 않다. 배출거래제는 성공하는 만큼 또한 실패도 거듭날 수 있다. 새로 창출되는 부(富)는 도처에서 끊임없이 투자처를 찾고 생태계에 부하를 줄 수 있다. 이제 선진국이든 개발도상국이든 탄소배출 감축을 하지 않으면 향후 현재는 물론 닥쳐올 후손에게 심각한 위협을 끼칠 수 있다.

첫째, 탄소배출은 지구 전체의 안녕에 손실을 끼칠 수 있다. 그 손실은 기온의 상승과 함께 한층 증가할 것이라는 사실이다. 가장 완화된 수준에서 탄소배출을 감축하기 위한 비용을 절약해야 한다(Eric A. Posner/David Weisbach, 2010:20). 이런 점에서 기후변화에 대한 비용-편익분석은 많은 부분에서 한계를 갖고 있다. 먼저 공공정책의 정당성을 확보하고자 하는 공공정책의 책무성 또는 해명가능성(accountability)도 문제의 발단이 될 수 있다.[9] 공공정책의 책무성을 확보하고자 하는 과업은 그다지 쉽지 않다. 그 공공정책이 지향하는 바가 바람직한 내용을 담고 있을지라도 그 목표를 실현하기 위한 비교우위에 있는 방안의 정책 내용을 구성하고 있는지를 구체적으로 검토하는 것이 선결문제다. 즉, 공공정책의 책무에 적용되는 방법은 정책의 경제적 합리성을 위해 비용-편익(cost-benefit)을 분석하고자 하는 것이다. 여기서 비용-편익 분석은 이론적 기초와 정교한 통계 분석을 활용하여 계량화된 객관적 결과를 이끌어 낸다. 특히 비용-편익분석은 정책의 사회 윤리적 정당화의 맥락에서 설득력이 높은 공리주의적 입장을 수용한다. 근대 경제학, 특히 공공복지 경제학의 윤리적 토대는 종종 고전적 공리주의(utilitarianism)를 적용해 왔다.[10] 공리주의적 할당이론은 책임분배의 예측 가능성을 효율성에 의해 한정한다.

하지만 책임분배가 장기목표로 추구하는 상황을 가급적 적은 비용으로 야기할 수 있는 가능성을 얼마나 폭넓게 제공하는가에 따라 각기 다른 분배문제가 나타난다(하랄드 벨처외, 2013: 154). 이런 이유 때문에 공공정책의 입안과 실행, 평가 과정은 비용-편익 분석에 의해 경제적 합리성의 방법을 적용하여 왔

---

9 accountability는 책무성, 공공정책의 타당성, 해명가능성으로 종종 번역한다.

10 비용-편익 분석과 공리주의 사이의 논의는 Williams Bernard and Sen, Amartya (eds.), 1982 참조.

다.[11] 말하자면 비용-편익 분석은 대중 매체에 제시되는 공공 정책에 대한 정당화의 과정을 반영했다. 일반적으로 정책이나 개발이 실현되면, 경제적 가치의 예측치를 제시한다. 그리고 예상되는 경제적 이득이 과다(過多)하면, 공공 정책의 타당성이 증가할 것이라 예측한다. 이런 방식의 경제적 방식은 첨단 기술개발에 대한 투자대비 효율성, 즉 R&D 효율성 평가에서 두드러진다. 하지만 정책적 효율성에 대한 비용-편익적 평가는 과학기술 관련 정책에만 한정된 것은 아니다. 어떤 경우든 정책에 관련된 사실적 내용이나 가치 판단의 내용을 정확히 확정할 수 없는 상황에서 일반 국민에게 몇 조원의 경제적 부가가치의 산출 효과가 있을 것이라는 불확실한 예측은 그다지 적절하지 않다. 따라서 기후변화 대응 과정에서 비용-편익 분석은 근본적인 한계를 드러낼 수 있다. 따라서 비용-편익 분석의 한계는 특정 정치적 입장이나 도쿄 의정서 도출 과정 및 약속 이행과정에서도 드러났다. 하지만 비용-편익 분석을 제대로 시행된다면, 윤리적 · 정치적 근본적인 한계에서 벗어날 수 있다. 궁극적으로 비용-편익 분석은 지역의 기후조건, 국지적 지역의 생명체에 대한 영향, 가능한 적응성, 저탄소 배출에 대한 기술적 진전 등과 같은 변수들을 제대로 측정할 수 있어야 한다.

둘째, 기후변화로 인해 개발도상국들은 부유한 선진국들보다 훨씬 더 커다란 피해를 입을 수 있다. 탄소배출이 최악으로 나타나는 지역은 대부분 가난한 지역이었고 개발도상국들은 더운 지역에 위치해 있다. 이러한 지역에서 기후변화의 영향은 더욱 악화될 수 있다. 더구나 개발도상국들은 부유한 선진국들보다 농업에 훨씬 더 의존하는 경향이 있고, 주어진 변화에도 아주 취약하다(Eric A. Posner/David Weisbach, 2010: 21). 기후변화가 가난한 사람들에게 가장 많은 피해를 줄 것으로 예상되기 때문에 부유한 국가들이 가난한 국가들

11 이상욱은 공공정책 입안 및 수행과정에서 비용-편익 분석을 경제적 합리성 및 사회문화적 합리성, 인문학적 합리성을 고려하는 것이 필요하다고 주장한다(이상욱, 2005).

을 도와 줄 것을 요청한다. 기후변화로부터 오는 피해의 대분이 먼 미래에 일어날 수 있는 것으로 예측하기 때문에 온실가스 배출감축을 단순하게 미래의 가난한 사람들을 도와주는 것으로 치부하기도 한다. 피터 싱어(Peter Singer)는 기후보호의 목적을 위해 가난한 나라에서 지역에 투입되는 배출권이라는 환경 정책적 도구를 보편화할 것을 제안한다. 싱어의 이러한 제안은 현재 온실가스 배출이 보다 적은 개발도상국들에게 경제 재건의 추가 자금을 약속하자는 것이다. 또한 온실가스의 배출감축은 가능하다면 배출 없는 경제적 발전을 독려하여 지난 150년간 동안 산업화된 세계가 저지른 기후에 대한 죄의 반복을 억제하자는 것이다(Peter Singer, 2004:35). 단순히 탄소배출을 줄이자는 것은 현세대의 가난한 사람들을 도와주는 방법은 아니다. 탄소배출을 감축하는데 소요되는 자원의 한도는 현세대의 가난한 사람들을 단순하게 도와주기 위해 이용하는 것은 아니다. 대체로 탄소배출감축이 미래의 가난한 사람들을 도와주는 것이라 할지라도 이는 훨씬 복잡한 상황을 야기한다.

셋째, 개발도상국들은 자원 부족 때문에 선진국만큼 쉽게 기후변화에 적응하지 못한다. 특히 아프리카는 기후변화에 가장 취약한 지역으로 나타났다. 지난 2006년 컬럼비아대학의 국제지구과학정보센터(Center for International Earth Science Information Network, CIESIN)는 국가별 기후변화 영향 조사에서 15개국의 가장 취약한 국가 중 14개 국가가 아프리카에 있고 방글라데시가 유일한 아프리카이외의 국가였다. 최소한 3개 비아프리카 국가들은 대부분 중남미 국가들이다. 아프리카이외의 방글라데시와 같은 작은 지역 섬들이나 지대가 낮은 지역들도 역시 심각한 기후변화의 위험에 직면해 있다(UNFCCC, 2005). 남아시아와 인도를 비롯한 남동아시아도 역시 기후변화의 위험지대에 있다. OECD 유럽 국가는 아프리카와 아시아 있는 국가들보다는 기후변화의 적응력이 다소 뛰어나지만, 심각한 상황에 빠질 수 있다.

4. 글로벌 기후변화와 윤리적 정의

1) 정의(Justice)의 원칙

21세기 글로벌 기후변화를 윤리적 문제로서 다루어야 하는 이유는 시간과 공간에 의해 피해와 혜택이 분리되고 가장 취약한 계층에게 기후변화의 재앙이 되기 때문이다. 그래서 각각 정부는 종래에 그들의 이기적 관점을 극복하고 윤리적 책임감에 따라 행동해야 한다. 지난 1992년 6월 유엔 기후변화협약이 브라질의 리우환경회의에서 지구온난화에 따른 이상 기후현상을 예방하기 위한 목적으로 채택된 바 있다. 이 기후협약은 인류에 의해 발생되고 있는 위험한 요소들이 기후체제에 영향을 미치지 않도록 대기 중 온실가스의 농도를 안정화시키는 것을 궁극적인 목적으로 삼고 있다. 기후협약은 선진국에서 개발도상국으로부터 부의 재분배가 이루어질 수 있도록 다음과 같은 세 가지 가능성을 예상할 수 있다.

첫째, 기후변화 협약은 선진국이 부유하기 때문에 개발도상국보다는 선진국에 대해 더욱 엄격한 감축 의무를 규정해야 한다. 이것은 언제, 어디서, 어떻게 라는 정책이다. 둘째, 기후변화 협약은 기후목표, 배출량 감축, 선진국들보다 개발도상국들의 관심을 추적해 나간다. 셋째, 기후변화 협약의 목표 및 의무들은 지구적 차원에서 도출해 내는 것이 최선의 정책일 수 있다. 하지만 개발도상국들에 대한 부유한 선진국들의 부대적인 비용(side payments)을 발생할 수 있다는 것을 유념한다.(Eric A. Posner/David Weisbach, 2010: 80)

이른바 정의는 개인의 선(善)을 공동의 선으로 전환시킬 수 있는 삶의 원칙이다. 정의는 윤리적인 관점에서 일차적으로 올바로 행위를 한다는 정행(正行)을 의미하고, 불의는 올바로 행위 하지 않음을 뜻한다. 정의의 원칙은 "불의를 행함과 불의를 당함 사이의 중용"으로 규정한다. 고전적 의미에서 정의란 "각자에게 마땅히 받아야 할 것을 주는 것"이다. 그런데 무엇을 마땅히 받아야 하는가? 능력이나 자격의 근거는 무엇인가? 이는 분배되는 것이 무엇인가에 달려있다. 정의에는 두 가지의 요소가 있다. 하나는 "대상과 그것이 할당되는 대상이다. 다른 하나는 "평등한 사람에게는 평등한 대상들이 할당되어야 한다." 그래서 정의는 교정적 정의와 분배적 정의로 구분한다.

교정적(보상적) 정의는 너무 많이 가진 사람에게 일정 양을 빼앗아 적게 가진 사람에게 되돌려 줌으로써 훼손된 평형상태를 복원하는 것을 뜻한다. 교정적 정의는 불의를 행한 자의 사회적 신분과 행위의 도덕적 성격을 고려하기 보다는 오히려 실행된 불의를 시정하는데 초점을 맞춘다. 이는 도덕적 행위의 주체인 구체적인 인격을 배제하는 복수의 원칙이 항상 정의로운 것은 아니다. 불의를 당한 것을 똑같이 복수한다는 것은 부정적 의미로 이해되고 있는 보상적 정의는 공동체의 질서를 파괴할 수 있다는 인식에서부터 출발한다. 그래서 보상적 정의를 공동체적 선의 교환에서만 국한할 것을 제안한다.

분배적 정의는 평등한 시민들의 지배관계에 의해 분출되는 불평등을 극복할 수 있는 방법으로서 근본적으로 정치적 정의이다. "공동체 구성원들 사이에 명예와 재산 또는 다른 것들을 나눌 때 분배적 정의가 드러난다. 그런 것을 분배할 때 사람들은 다른 사람들의 몫과 동등하거나 동등하지 않은 몫을 받을 것이기 때문이다." 분배적 정의는 "누가 정당한 몫을 받을 가치가 있는가?를 결정하는 법칙으로서 가능하다. 하지만 "분배에 있어서는 공과(功過)를 근거로 정의가 결정되어야 하는데 모든 사람들이 동의한다. 그러나 공과의 기준은 똑같이 인정하지 않는다(데이비드 존스턴, 2011: 107-110)."

사람들은 태어날 때부터 평등한 권리를 가지고 태어난다고 생각한다. 여기서 평등한 권리란 동등한 기회, 결과의 공평성, 최소한의 생활수준을 말한다. 다시 말해 평등은 모든 사람의 욕구가 고려되어야 하고 희소한 자원의 재분배는 도덕적 의무이며 재분배는 사회에 가장 취약한 계층에게 혜택을 부여하는 방식으로 이루어 져야 한다. 따라서 이러한 주장은 가난한 사람들에게 생계유지에 필요한 기본적인 자원에 대한 권리를 갖고 있어야 한다. 평등한 사회에서 모든 시민들은 동등한 권리, 기회 그리고 사회적 자원에 대한 접근이 보장되어야 한다. 사회에서 가장 취약한 계층에 속한 사람들에게 혜택이 돌아갈 때에만 불평등한 자원분배가 허용되어야 한다(Von Soest, 1999: 29-38).

특히 정치철학자 롤즈(John Rawls)는 다양한 사회정의이론들을 중심으로 공리주의의 비판에 초점을 맞추었다. 공리주의는 전체효용이 가장 높을 때 정의롭다는 주장, 즉 "최대다수의 최대행복"이라는 슬로건으로 내걸었다. 공리주의자는 벤담, 밀을 위시로 하여 고전 공리주의에서부터 시드워크, 피터 싱어로 이어지는 현대공리주의의 전통에 있다. 롤즈는 어떻게 공리주의의 정의원칙의 문제점을 드러내면서도, 그를 대체할 만한 정의원칙을 제시할 수 있을지에 대해 연구해 왔다. 롤즈의 정의관은 평등주의 정의관의 한 변형이며 이 정의관의 핵심은 '공정으로서의 정의(justice as fairness)'이다(김재진, 2007: 102). 그 결과 고안한 것이 "원초적 입장"이라는 아주 특별한 사유실험이었다. 여기서 그는 원초적 입장을 자신의 이익의 증진에 관심을 가진 합리적 인간들이 그들의 공동체의 기본조건을 정하기 위해 논의하는 상황이라 정의한다. 원초적 입장은 현실에서 발견할 수 있는 것이 아니라 우리의 생각 속에서 이루어지는 가상적인 실험일 뿐이다. 다시 말해 원초적 입장에서 사람들이 모여 국가의 기본구조에 대해 논의하고 합의한다면, 그것은 무엇일까에 대해 생각해 보는 것이다. 그러나 이 가상적인 사유실험이 중요한 이유는 현대에 가장 큰 영향력을 미치고 있는 공리주의 정의원칙의 문제점을 드러내고 그보다 우월한 정의원칙을 찾을 수 있는 가능성을 내포하기 때문이다. 롤즈가 무엇보다 중요하게 생각한 것은 사회제도의 정의로움이다. 그는 사회체제는 인간의 힘으로 어쩔 수 없는 불변의 질서가 아니라 인간의 힘으로 바꿀 수 있는 가변의 질서라고 보았다. 사회제도는 인간 활동을 규정하는 방식과 사회를 배열하는 방식일 뿐이다.

롤즈는 원초적 입장에서 합의과정에 참여하는 구성원은 무지의 베일 속에 있다고 가정한다. 무지의 베일 속에 있다는 것은 합의의 당사자들이 자기 자신에 관련된 사실들에 대해 알지 못한다는 것이다. 각 당사자들은 자신의 사회적 지위나 계층, 타고난 재능이나 체력을, 도덕적 종교적 선호나 심리적 성향을 알지 못할 뿐만 아니라 자신이 속한 사회의 경제적, 정치적, 문화적 사정에 대해 알지 못한다. 또한 그는 자신이 속한 세대, 즉 유년기, 청년기, 노년기 중 어디에 속하는지 알지 못한다. 그가 아는 것은 인간사회에 대한 일반적 사실뿐이다. 롤즈는 무엇보다 사회의 효율성을 중시하면서도 더 나아가 사회의 공명정대함이 충족되어야 한다고 생각했다. 이런 점에서 그는 사회의 효율성을 모두가 도덕적으로 동의할 수 있는 공명정대함 또는 흔히 공정함이라고 부르는 것에 종속되어야 한다고 간주했다. 롤즈는 원초적 입장에서 무지의 베일 속에 있는 당사자들이 합의하는 두 가지 원칙을 표현할 수 있다고 보았으며, 그것을 정의의 2원칙이라 불렀다. 그것은 다음과 같은 두 가지 기본원칙에 기초한다.

> 제1원칙: 각 개인은 다른 사람들의 유사한 자유와 양립할 수 있는 가장 광범위한 기본적 자유에 대해 동등한 권리를 가져야 한다.
> 제2원칙: 사회 · 경제적 불평등은 다음 두 조건을 만족시키도록 조정되어야 한다.
> ⓐ 최소 수혜자에게 최대의 이익이 되고, ⓑ 공정한 기회균등의 원칙아래 모든 이에게 개방된 직책과 직위에 결부되어야 한다(존 롤즈, 1996: 81-82).

롤즈의 정의 2원칙 중에서 제1원칙은 "자유우선원칙"이며, 제2원칙 중 ⓐ는 "차등의 원칙", ⓑ는 "공정한 기회균등의 원칙"이다. 여기서 정의원칙은 앞뒤 우선순위가 결정적인 역할을 한다. 마치 '가'가 '나'보다 먼저 배치되듯이, 제1정의 원칙이 제2정의 원칙보다 우선한다. 차등의 원칙이 공정한 기회의 원칙보다 먼저 충족되어야 한다. 이런 순서를 염두해 두고 보았을 때, 롤즈의 정의관에서 가장 중요한 과제는 정치적 자유를 확보하는 것이다(존 롤즈, 1996: 82).

제1정의의 원칙은 광범위하고 근본적이다. 이것은 한 국가를 이루는 여러

정체와 체제들을 포괄하고 조정하기 위한 근본원칙으로서 법 · 사회 · 경제 · 정치제도를 모두 포괄한다. 이것이 롤즈 정의관의 커다란 특징이다. 제2원칙은 사회의 불평등을 최소화할 수 있는 관점과 방안이다. 사회 불평등을 완전히 제거할 수 없다고 한다면, 그 불평등은 사회에 보탬이 되는 방향으로 나아가도록 해야 하는 것이다.

2) 교정적 정의와 분배적 정의

유엔기후변화협약에서 제안한'형평성'에 대한 조작적 정의(Justice)는 다양하게 나타난다. 글로벌 기후변화에 대한 논쟁에 있어서 형평과 정의의 문제는 중대한 역할을 한다. 앞서 고찰하였듯이, 교정적(보상적) 정의는 너무 많이 가진 사람에게 일정 양을 빼앗아 적게 가진 사람에게 되돌려 줌으로써 훼손된 평형상태를 복원하는 것이다. 그에 반해 분배적 정의는 평등한 시민들의 지배관계에 의해 분출되는 불평등을 극복할 수 있는 방법이다.

먼저 교정적 정의의 관점에서 한 개인이 다른 사람에 손해를 입힌 경우 전자는 그 피해자에게 현금과 같은 구제를 제공해야 한다. 이 관점은 기후변화의 배경에 대해 개발도상국과 그 지지자들이 기후변화의 문제가 미국과 부유한 나라들에 의해 대부분 야기되었기 때문에 그들은 구제해야 한다고 주장한다. 교정적 정의는 당연한 목적을 위해 문제원인에 대해 책임이 있는 사람들을 구분한다. 한편으로, 비난의 가능성이 있는 사람들, 다른 한편으로 원인에 대한 책임이 있지도 않으며 비난의 가능성이 없는 사람들을 구분한다(Eric A. Posner/David Weisbach, 2010: 104). 각 국가들이 윤리적으로 요구되는 행위를 거절한다고 해서 윤리적 요건에 위반하여 용서를 구하는 것은 아니다. 어느 국가든 간에 국가의 이익을 무시하는 윤리적 논쟁은 환상이다. 강대국들의 이익을 향상시키는 것이 윤리적 기반을 구축하는 것은 아니다. 각 국가들이 서로 균형을 잡고 윤리적으로 실현 가능한 협약을 만드는 것이 중요한 관건이라 할 수 있다. 이런 점에서 교정적 정의는 기후변화의 국제적 논쟁을 종종 일으켜 왔다. 즉 기후변화에 있어서 국제간 윤리적 관점과 현실적 주장사이에는 언제나 첨예한 긴장관계가 있어 왔다.

대체로 개발도상국은 선진국들이 기후변화의 문제에 대부분 책임을 져야 한다고 말한다. 즉 부유한 선진국들이 기후감축의 비용을 부담해야 하거나 그 비용의 대부분을 부담해야 한다는 것이다. 이런 점에서 교정적 정의는 오염자 부담자 원칙(polluter pays principle)을 적용해 왔다. 즉 환경을 오염시킨 사람들이 환경에서 초래한 손해에 대해 부담을 져야 하는 것이다.(Eric A. Posner/David Weisbach, 2010: 100). 즉 오염자 부담의 원칙은 "네가 부셨으면, 네가 고쳐야 한다.", "네가 버린 것은 네가 치워야 한다"는 뜻이다. 결자해지의 차원에서 문제를 일으킨 사람이 문제를 해결하고 다른 누군가에게 피해를 주었으면, 피해를 보상해 주어야 한다는 것이다(김명식, 2012: 15: Gardiner, Stephen M. et al. (eds.), 2010: 5). 기딘스(Anthony Giddens)는 오염자 부담의 원칙을 제도화하도록 정부가 시장에 개입하여 이를 통해 시장이 기후변화대응 정책을 이끌어내야 한다고 주장한다(앤서니 기든스, 2010: 137). 일반적으로 교정적 정의의 논쟁은 과거에 일어난 행위에 초점을 맞추기 때문에 다분히 회고적이다. 교정적 정의는 현재의 공급보다 재고(在庫)에 집중한다. 교정적 정의는 통상적으로 피해를 입힌 자가 자기로 인해 피해를 입혔기 때문에 희생에 대해 보상할 것을 요구한다. 단순하게 미국이나 다른 선진국에 사는 사람들을 도덕적으로 비난받을 수 있는 가해자라고 낙인찍을 수는 없는 것과 같은 이치이다. 통상적으로 도덕적 책임은 비난 가능성뿐만 아니라 언제나 이에 대한 인과관계를 요구한다(Eric A. Posner/David Weisbach, 2010: 103). 기후변화의 맥락에서 교정적 정의의 논쟁은 선진국들이 온실가스를 대량으로 배출함으로써 세계의 다른 국가들에게 피해를 끼쳤다는 것이 주요 골자다. 보편적 관점에서 교정적 정의는 온실가스의 문제를 회복시키기 위해 피해를 입힌 국가들이 많은 자원을 투자할 것을 요구한다.(Louis Caplow and Steven Shavell, 2005: 12). 그래서 이러한 교정적 정의의 논쟁은 언제나 심각한 난제에 부딪혀 왔다. 그 이유는 각 국가들은 상호 연관된 윤리적 존재들이라 가정하기 때문이다. 무엇보다 한 국가가 다른 국가에게 막대한 손해를 끼쳤을 경우, 교정적 정의의 관점에서 전자가 후자에 대해 배상의 책임을 지도록 요구한다. 예컨대 한국의 경우 대기오염 때문에 GDP의 6% 손실을 입고 있으며 중국은 12%에 달한다. 한국 오염물질의 60%는 대체로 중국에서부터 이동해 온다. 어떤 국가가 올바른 윤리적 척도가 될 수 있다는 논거는 공동 책임에 기인한다. 하지만 공동책임은 형사법이나 불법행위법에서도 그다지 인정하지 않고 있기 때문에 그다지 설득력이 없다. 공동책임은 한때 사회조직에서 중요한 역할을 담당하였지만, 수세기 거쳐 오면서 국내법 및 국제법상에서 점차 강요되어 왔다.[12]

일반적인 정의에 관한 논쟁에서 개발도상국들은 부유한 나라들이 온실가스 감축비용의 대부분을 부담해야 한다고 주장한다. 예컨대 중국, 인도, 브라질들의 국가는 미국과 유럽의 부자 나라들이 적극적으로 배출감축 책임을 져야 한다고 말한다. 그리고 그들은 온실가스배출 감축 부분에 대해 선진국들이 많은 재정적 원조를 보태 주어야 한다고 주장한다. 하지만 선진국들은 선진국과 개발도상국의 구분 없이 가장 많이 온실가스를 배출하는 국가들이 엄격한 의무를 지는 것이 마땅하기 때문에 대체로 이러한 견해에 반대한다. 따라서 선진국이나 개발도상국의 국가들은 각기 다른 형평의 원칙을 서로 다르게 주장하고 있을 뿐이다. 그렇기 때문에 각 선진국이나 개발도상국의 국가들은 서로 다른 잣대를 들이대어 정의의 원리를 주장할 뿐만 아니라 배출감축비용의 원칙을 서로 다르게 인식하고 있을 뿐이다. 기후변화협약이 개발도상국들 보다 부유한 선진국들에게 많은 부담을 져야 하거나 많은 양의 온실가스를 배출한 나라들을 응징해야 하고 지구상의 사람들에게 공평한 부담을

12 국내법과 국제법에 대한 논의는 다음을 참조: Darly J. Levinson, Stanford Law Review, 345(2003): The Economics of individual versus Group punishment, 46, *Journal of Studies* 81(2007).

지워야 하는 것은 당연한 이치다. 하지만 첨예한 선진국과 개발도상국사이의 이해관계 때문에 서로 상이한 정의의 입장 차이를 보일 뿐이다.

교정적 정의의 관점에서 어떤 국가가 온실가스 배출감축을 위해 어떻게 "돈"[13]을 지불할 것인 지가 중요한 관건이다. 과거에 부유한 선진국이든 개발도상국이든 간에 누가 더 많이 이산화탄소를 배출하였는지의 문제는 일단 보류에 두는 것이 배출감축에 대한 첨예한 논쟁을 최소화 할 수 있다. 정의론의 관점에서 지금까지 선진국들이 온실가스 배출의 최대 근원지라는 것이 전형적 관점이었다. IPCC에 따르면, "선진국들이 과거와 현재가 온실가스 배출의 모든 근원"(IPCC 12. 33, 106)이라는 것이다. 종종 선진국들이 부자이기 때문에 온실가스배출의 특별한 의무를 져야 한다는 관점이 일반적 주장이다. 개발도상국들은 선진국이 부자라는 이유를 들어 온실가스를 완화하는데 들어가는 비용의 대부분을 부담해야 한다는 반복된 주장을 펼치기도 한다. 이러한 주장은 종종 선진국들이 철저하게 준수해야 하는 환경 및 기타 제한사항에 대해 개발도상국의 개발할 권리와 국제법을 무시했다.[14] 선진국은 개발도상국의 경제성장에 대한 욕구와 지속개발가능성의 정책기획을 도와주어야 한다는 것이다. 말하자면 개발도상국이 인구팽창과 과도한 경제성장 욕구로 인해 기후변화대응에 제대로 동참하지 못하고 있는 사실을 이해해야 한다. 이런 점에서 개발도상국의 경제성장 욕구를 수용하는 것이 진정한 포용력일 수도 있

---

13 돈은 매개적 역할을 수행한 前자본주의 경제에서는 상품과 돈의 순환은 특정한 상품들(혹은 사용가치)에 경제순환의 마지막을 구성하는 형태로 존재했다. 특정한 사용가치를 구현하는 상품은 다른 상품을 구입하는데 사용하는 돈으로 판매된다(상품(C)-돈(M)-상품(C). 자본주의 경제의 경우, 상품과 돈의 순환은 돈으로 시작해서 화폐로 끝난다. 돈은 돈을 위해 판매되는 상품을 구입하는데 사용된다(M-C-M). 물론 돈은 단순히 양적 관계의 추상적인 표현이기 때문에, 순환과정의 마지막에서 처음과 같이 같은 양의 돈이 교환되면 그런 교환은 의미가 없다. 그래서 현실에서 실제 공식은 M-C-M'인데, M'은 사실상 M+m 또는 이윤 또는 자본, 아니면 이전에 마르크스주의자들이 언급한 것처럼, 잉여가치다. 물론 이것과 단순 상품 생산의 커다란 차이는 목적이 최종 사용이 아니라 자본 축적이기 때문에 그 과정의 끝이 없다는데 있다. 그래서 한 해에 생산된 M-C-M'은 잉여가치를 재투자하여 다음해에 M-C-M''으로, 그 다음해에 M-C-M'''으로 그리고 무한정 이어진다.(손 톰슨, 2012: 162). 이런 점에서 환경단체들은 자본에 대해 세 가지 편익을 제공한다. 첫 번째, 정당화를 통해 세계가 잘 작동하고 있다는 점을 상기시킨다. 두 번째, 대중의 반대 의견에 대한 통제이다. 일반 국민들 사이에 퍼진 생태적 염려를 억누르고 빨아들이는 스펀지 같은 것이다. 세 번째는 합리화이다. 이는 이윤의 질서 있는 흐름을 보장하면서 최악의 경향에 맞서 체제를 통제하고 보호하는 유용한 통치이다.

14 이러한 주장에 대한 비판적 논의는 다음을 참조: Christopher Stone, 2004.

다. 그렇지만 개발도상국의 화석연료 중심의 경제성장을 옹호하는 것은 또 다른 갈등의 요소를 낳고 있다.

지난 기후변화 기본협약은 배출감축을 형평의 원칙에 기초하고 있으며, 공동이지만 차별화된 책임의 원칙을 따르도록 요구했다. 기후변화 기본협약을 토대로 한 교토의정서는 개발도상국의 제한 없는 배출 증가는 인정하면서 선진국에는 보다 많은 의무를 지웠다.[15] 신기후경제보고서에 따르면, 화석연료 보조금의 규모가 클수록 보건비용의 지출이 증가한다. 개발도상국들은 배출 감축의 비용의 대부분을 혹은 심지어 비용 전부를 부담해야 한다고 주장해왔다. 기후변화협약은 부의 재분배 방법일 뿐이지 최선의 방법은 아니다. 부를 재분배하는 보다 최선의 방법이 있다면, 기후변화협약을 임의적으로 이용하게 해서는 안 된다. 따라서 기후변화의 책임을 최다 배출국에게 지워야 한다는 교정적 정의의 논쟁이 공동책임에 근거하지 않는다면, 단지 개인적 차원의 윤리에 호소하는 방향으로 나아갈 수 있다. 선진국들이 동반으로 온실가스를 감축하지 않을 경우, 어느 국가에게도 온실가스의 배출을 감축할 도덕적 의무가 있는지는 여전히 의문이다. 이것은 도덕적 공동행동의 문제이다. 교정적 정의가 불법행위에 유추한 것이 아니라면, 기후변화상황에 부합하는 방안을 이끌어 내야 한다.(Frank Dietrich/Véronique Zanetti, 2014: 164)

하지만 유엔기후변화협약의 '형평성'을 정의하는 모든 제안들이 실제로 윤리와 정의를 존중한다고 보기 어렵다. 사실상 유엔기후변화협약의 형평성을 적용하기 위한 제안서들 중에서 지구적 책임과는 관계없는 자국의 이익에만 근거한 것들도 널려 있다. 각 국가들의 온실가스 목표치의 분배의 형평성 문제에 올바르게 접근하기 위해서 제안자들은 분배적 정의의 원칙을 따라야 한다. 분배적 정의는 비용을 부담하는 주체를 어떻게 변경해야 할 것인 지가 주된 관건이다. 국가의 의무는 앞서 언급한 정치철학자 존 롤즈(John Rawls)의 무

15 교토의정서에 대한 자세한 내용은 양해림, 2009.

지의 장막(a veil of ignorance)에 호소함으로써 정의될 수 있다. 이성적인 사람은 국적 등 자신의 환경에 대한 정보가 없는 상태에 어떠한 정의의 원칙을 선택할 수 있는가? 부유한 선진국들은 개발도상국에게 정의의 원칙을 선택할 수 있다. 특히 후자가 심각한 위험에 처한 경우는 신중하게 정의의 선택을 고려해야 한다(Martha Nussbaum, 2005:4). 개발도상국은 권리를 상호 주장할 수 있어야 한다. 그리고 부유한 선진국들이 도움이 필요한 개발도상국에게 자비로워져야 할 만큼의 권리는 비교적 미약하다. 지금까지의 전통적인 분배정의는 공정성의 개념에 따라 분배할 것을 요구한다. 이것은 필요한 업적을 도덕적인 고찰에 의해 수정된다. 분배적 정의는 언제나 동등한 분배를 요구하는 것은 아니지만, 각기 상이하게 대우받기를 원하는 사람들은 도덕적으로 올바른 기준에 따라 증명할 책임을 져야 한다. 이런 이유 때문에 분배적 정의는 형평성의 정의를 제안한다. 따라서 분배적 정의는 업적, 응당한 보상, 도덕적인 기준에 의해 근거한다.

기후협약이 분배정의를 실현해야 한다고 할 때, 그 의미는 명확하지 않다. 기후변화협약은 개발도상국들에게 부를 재분배하는데 있어서 효과적인 방법이다. 왜냐하면 개발도상국은 기후감축의 조치로 인해 보다 많은 이익을 선진국으로부터 얻을 수 있기 때문이다. 지구 온난화는 부유한 나라들보다 개발도상국들에게 보다 부정적인 영향을 끼칠 수 있다. 왜냐하면 보다 온난한 지역에 있는 개발도상국들은 농업과 같은 1차 산업 의존도가 더 높고, 제방 등 다른 대책을 마련하는 것이 어렵기 때문이다. 예컨대 탄소축적량을 450ppm에서 500ppm이라는 합리적 수준으로 제한하는 것은 선진국의 배출 감축만으로 불가능하다. 현재 대기중에 이산화탄소량이 약 380ppm이라고 하였을 경우, 매년 대략 2ppm씩 증가할 것이고, 세계경제는 50년 이내에 세 배정도로 그 규모가 성장할 것이므로 현재보다 각 GDP 단위는 세 배 정도 낮은 이산화탄소를 배출해야 500ppm이라는 목표가 달성될 수 있다(IPCC 2013).

기후변화의 정의(正義)가 개념화되기 이전에 개발도상국을 중심으로 논리가 전개되어 왔다. 개발도상국들은 선진국들의 산업개발로 지구 환경이 악화되고 기후변화가 왔음에도 불구하고 기후변화대응에 공동대응을 요구받았다. 심지어 개발도상국은 경제개발에 값싸게 동원할 수 있는 화석에너지 사용을 제한받는다고 불만을 종종 토로해 왔다. 이러한 움직임은 선진국의 자금 공여로 개발도상국의 기후변화대응을 돕는 녹색기후기금(GCF) 설치로 구체화되었다. GCF는 2015년 10개국에서 30억 달러의 자금공여를 약속했다. 예컨대 오바마 미국 대통령은 지난 G20 정상회담 기간 중 미국 정부의 30억 달러 자금공여를 약속했다. 자손을 위해 아버지 세대인 현세대가 기후변화대응에 적극 나선다는 도덕적 판단은 분명 옳지만, 기후변화 원인을 제공하지 않는 사람들이 기후변화로 고통을 받는 사실에 경각심을 가져야 한다. 즉, 기후변화대응이 머나 먼 미래가 아닌 현실에서 성과를 담보해야 한다.

가난의 문제는 분배적 정의의 문제이고, 분배적 정의의 원칙들은 이에 대한 접근 책을 유도하는 것이다. 부유한 선진국들은 가난한 사람들의 복리를 향상시킬 수 있는 개발도상국에 기부해야 하는 부담을 안고 있다. 먼저 개발도상국이 우선권을 가져야 한다. 현금의 원조가 비교적 좋은 방법이 될 수 있다. 왜냐하면 그 원조를 받는 사람들이 그들의 이익을 가장 증가시킬 수 있는 방법으로 사용될 수 있기 때문이다(Eric A. Posner/David Weisbach, 2010:96). 분배적 정의의 관점에서 선진국이 개발도상국에 직접적인 대외원조를 통해 자금을 보낸 것이거나 다른 기후조약과 연결하여'배출권' 혹은 현금으로 대외 원조를 하는 것은 커다란 차이가 없다. 분배적 정의의 관점에서 기후변화로 인해 누군가 타격을 많이 받거나 적게 입거나 혹은 에너지 문제에 대한 무조건적인 세금 부과를 가한다고 해서 산업 활동이 위축되는 것은 아니다. 다만 그 나라의 문제가 기후변화에 연관되어 열악한 상황에 처해 있는가의 여부다. 선진국들은 개발도상국들에게 최소한 현금 지원, 개발원조, 무역규칙의 방식들로 도와 줄 의무가 있다. 가능한 한 최소의 비용으로 배출을 감축하는 것이 선진국들의 책무이다. 배출감축의 실패가 예기치 않게 부정적 결과를 낳는다면,

분배적 이익을 위한 기후변화 목적은 나쁜 거래가 될 수 있다. 문제는 부유한 국가에게 감축 비용의 부담을 안겨 주겠지만, 언제, 어디서, 어떻게 배출이 감축되는 지를 변경하는 방법에 있어서는 아주 민감하다. 교토 의정서는"언제, 어디서, 어떻게"라는 정책의 전형적인 실례이다. 감축은 감축비용을 크게 높이며, 부유한 선진국에 집중되어 있다(Eric A. Posner/David Weisbach, 2010:74). 부유한 선진국들은 국가정책을 통한 재분배를 이루어내기 보다는 오히려 개별정책이 각각의 분배적 목표에 도달하기를 원한다. 선진국들은 기후변화 비용의 정책과 분배적 목표들의 효율성을 감소시키는 위험도 마다하지 않는다. 부유한 선진국들은 기후변화와 같은 어떤 정책에 대해 특별한 의무를 부과 받는 것만으로 충분하지 않다. 말하자면 선진국들은 다양한 기후변화의 분배적 접근방식에 있어서 언제, 어디서 그리고 어떻게 라는 방식을 통해 재분배적인 부(富)를 위해 비용이 많이 드는 방식을 적용한다. 그럼에도 불구하고 선진국들은 가난한 개발도상국에 재분배하는 방법이 기후변화협약일 가능성이 있다는 점에서 동의한다(Eric A. Posner/David Weisbach, 2010:75)

현실적으로 부유한 선진국들이 종종 침수되는 저지대 마을에 거주하는 사람들과 함께 지구 온난화로 인해 고통 받는 사람들에게 보상을 해 줄 것을 요구한다. 말하자면 개발도상국은 선진국들로부터 온실가스 감축 비용의 대부분을 부담해 줄 것을 원한다는 것과 동일한 이치다. 선진국들만이 그들의 배출 제한이 강제되거나 상대적으로 온실가스 배출권을 적게 가져야 하는 것이다. 그래서 선진국들은 지속적으로 오염을 방지하기 위해 그들의 배출권을 위해 동시에 개발도상국들에 비용을 지불해야 한다는 것이다.[16] 원칙적으로 피해자들이 가해자들 통해 어떠한 보상을 지급하게 하거나 특정 가해자들이 특정 피해자들에게 많은 부분에 대해 이전하게 하는 것을 보장받을 수 있

16 온실가스 배출에 대한 법적 쟁점에 대한 논의는 다음을 참조: Eduardo M. Penalver, 563(1998), David Hunter and James Salzman, 2007.

는 것이 개괄적인 정의의 형식을 받아들일 수 있다(Frank Dietrich/Véronique Zanetti, 2014: 149). 선진국에서 개발도상국으로의 재분배가 바람직하다면, 예컨대 미국과 같은 선진국은 자기에게 이득이 없는 협정에 참여하는 방법으로 어떤 특정한 형태의 거래를 한다는 것은 여전히 분명하지 않다

따라서 앞서 언급하였듯이, 선진국들이 배출량 감축의 의무를 감수해야 한다는 주장들은 언제, 어디서, 어떻게 감축해야 할 것인 지를 거듭 촉구한다. 기후기본협약 및 교토의정서는 이러한 접근법을 취해 왔다. 하지만 지난 교토의정서는 중국, 인도, 인도네시아, 말레시아, 브라질 등 주요 배출국들이 개발도상국들에게는 배출량 감축 의무를 규정하지 않았다. 그 대신에 선진국들에서는 그들이 부자이기 때문에 배출량 감축에 집중하였다. 이러한 접근방식의 문제는 그 배출 감축의 가격을 매우 상승시키고 그 효율성을 저하시켜 결과적으로 기후변화라는 목표를 손상시킨다는 점에 있다. 따라서 배출량 감축을 부유한 선진국에만 집중시키는 것은 효율적인 기후정책은 아닌 것이다.

5. 맺음말

IPCC는 지난 2014년 10월 덴마크 코펜하겐에서 열린 IPCC 제40차 총회에서 '기후변화에 대한 IPCC 2013 제5차 평가종합보고서(SyR, Climate Change 2014 Synthesis Report)'를 승인하였다. 하지만 제5차 평가 종합 보고서에서 기후변화를 승인하였음에도 불구하고 그 어려움은 다음과 같이 여전히 산적해 있다.

첫째 어려움은 배출감축의 재분배가 무엇을 추구한다면, 기후변화의 위협에 소요되는 선진국과 개발도상국간의 비용의 거래는 그것을 이루어내기에 다소 미숙한 방법이다. 두 번째 어려움은 현세대가 미래세대의 이익을 위

해 현재의 자원을 절약하여 지불할 경우, 미래세대는 현세대보다 향후 훨씬 더 부유해 질 수 있다. 현재 개발도상국들의 빈민들은 미래의 빈민들보다 오히려 더 가난해 질 수 있다. 배출량 감축의 목표가 빈민들을 도와주는 것이라면, 선진국들이 현재를 무시하면서 많은 자원을 소비하는 것은 그다지 효율적인 정책이 아니다. 개발도상국의 입장에서 현금을 지원받는 것이 더 많은 이익을 얻을 것이며, 현재의 개발도상국은 미래의 개발도상국보다 보다 절실한 지원을 요청해야 한다. 셋째, 기후변화의 협약은 분배 정의의 관점에서 여전히 문제가 있다. 분배정의의 범위는 부유한 선진국부터 개발도상국에 이르기까지 광범위하게 걸쳐 있다. 분배정의 논쟁들은 어떤 나라는 부유하고 어떤 나라는 가난하다고 간단하게 넘어갈 수도 있다. 가난한 사람은 부자인 사람보다 1달러만 갖고도 더 많은 편익을 취할 수 있다. 예컨대 미국과 같은 선진국에서도 빈민이 도처에 있고, 인도와 같은 개발도상국에서도 부자가 있는 것과 같은 이치다. 재분배가 목적이라면, 이득을 얻은 국가들이 대부분 부유한 나라들일지라도, 그 반대의 개발도상국을 알아보는 것도 도움이 될 수 있다(Eric A. Posner/David Weisbach, 2010:79).

따라서 기후변화에 대한 대응에서 우리가 달성하고자 하는 목표, 즉 기후변화에 대한 효율적 대응 방안을 모색해야 나가야 한다. 물론 이 과정에서 경제적 분석이나 정치적 논의가 당연히 수반되어야 한다. 이런 점에서 기후변화에 대해 적절한 대응을 모색하는 일은 관련 과학적 결론과 그에 근거한 비용-편익 분석만으로는 해결하기 곤란하기 때문에 윤리적, 정치적 안건을 더욱 필요로 한다. 기후변화의 안건이 윤리적 정의의 측면을 포함하는 인문학적 고려를 우회하는 방식으로 해결하기란 그다지 쉽지 않다. 이런 측면에서 기후변화 연구의 미래상이 다학문적 연구와 간학문적 연구를 넘어 가치적 고려를 적극적으로 도입하는 학제적 연구가 활성화 되어야 하는 이유가 있다(Thomas S. Kuhn, 2010). 기후변화 상황에 대한 합리적이고 바람직한 대응을 위해 기존 학제적 연구가 전제하고 있는 개념적, 제도적 틀 자체에 대한 반성적 사유와 그에 근거한 제도 개혁이 필요한 것이다. 따라서 기후변화의 심각성은 기후정의라는 개념을 통해 기후변화대응이 미래세대에 대한 책임의식에서 전개되는 것이 아니라 현재 진행형으로 성과를 약속해야 한다는 점을 시사한다(마크 미슬린, 2013: 209). 따라서 우리는 기후변화에 적응해야 하는 이유를 눈여겨보고, 보다 효율적인 대비책을 마련해야 할 것이다

첫째, 지구상에서 기후변화는 더 이상 피할 수 없다. 둘째, 기후변화는 예상을 하고 대응하는 사전 예방차원의 적응은 최후 순간의 비상대응보다 선진국과 개발도상국간에 효율적인 비용의 대비가 필요하다. 셋째, 기후변화는 현재의 예측을 가리키는 것보다 앞당겨서 닥쳐올 가능성이 있다. 우리가 앞서 고찰한 것처럼, 예상 밖의 기후변화로 인해 뒤따르는 사건들이 발생할 가능성은 여전히 높다. 넷째, 기후의 변동성과 극단적 대기사고에 잘 적응함으로써 발 빠르게 지혜롭게 대처해야 한다. 예컨대 허리케인 위험, 후쿠시마 원자력 발전소 사고와 같이 기후변화에 대비하여 건축법을 강화하고 기존의 비상대피 훈련 등을 개선할 필요가 있다. 다섯째, 잘못된 적응 정책과 관행을 개선해 나가야 한다. 여섯째, 기후변화는 위협과 함께 동시에 기회를 가져다 줄 수 있다.

참고문헌

김명식, 「기후변화의 윤리적 쟁점」, 『환경철학』, 제14집, 한국환경철학회, 2012.

______, 「기후변화, 사회적 활인율 숙의민주주의」, 『범한철학』, 제76집, 범한철학회, 2015.

김재진(2007), 「소득재분배 문제와 정책적 대안」, 참여연대 사회복지위원회편, 『한국 사회 복지의 현실과 선택』, 나눔의 숲.

기든스, 앤서니(2010) 『기후변화의 정치학』, 에코리브르.

롤즈, 존(1996), 『정의론』, 황경식 옮김, 서광사.

리프킨, 제라미(2012), 『3차 산업혁명』, 안진환 옮김, 민음사.

미슬린(2013), 마크, 『기후변화의 정치경제학』, 조홍섭옮김, 한겨레출판.

양해림(2009), 「기후변화와 책임윤리」, 『환경철학』, 제8집, 한국한경철학회, 2009.

______(2013), 『한스 요나스의 생태학적 사유읽기-책임의 원칙 독해-』, 충남대학교 출판문화원.

______(2014), 「지구적 기후변화와 탈핵의 정치」, 『환경철학』, 제18집, 한국환경철학회.

앵거스, 이안엮음(2012), 『기후정의』, 김현우외 옮김, 이매진.

이상욱(2005), 「학제간 과학철학 연구의 두 방향: 간학문 STS와 다학문 STS」, 『과학기술학 연 구』 5(2): 1-21.

존스턴, 데이비드(2001), 『정의의 역사』, 정명진옮김, 부글.

Bolin Bert (2007), *A History of the Science and Politics of Climate Change: The Role of the Intergovernmental Panel on Climate Change*, Cambridge: Cambridge University Press.

Broome, John(2012), *Climate Matters, Ethics in a Warming World*, New York/London.

Caplow, Louis and Shavell, Steven(2005), *Fairness Versus Welfare*, 12.

Climate Change(2005): Samall ISSland Developing State, UNFCCC

Climate Change threans unprecedented human development reversal,"(2007), UNDP News Release, 11. 27.

Darly J. Levinson(2003), Stanford Law Review, 345.

Dietric, Frank/Zanetti, Veronique(2014), *Phiilosophie der international Politik*, Hamburg.

Eduardo M. Penalver(1998), Acts of God or Torts? Applying Tort Principles to the Problem of Climate Change, 38. natural Resources Journal 563.

Gardiner, Stephen M. et al. (eds.) (2010), *Climate Ethics: Essential Readings,* Oxford: Oxford University Press.

Hunter, David and Salzman, James(2007), Negligence in the Air: "The Duty of Care in Climate Change Litigation," 155 *University of Pennsylvania Law Review* 174.

Kuhn, Thomas, S., *The Road Since Structure*, Chicago, IL: University of Chicago Press 2010.

IPCC WG III Report(2007), supra n. 12.

Konrad, Ort(2010), *Umwelt zur Einführung*, Hamburg.

Mayell H., (2003), "UN Highlights World Water Crisis", National Geographic News. June 5.

Mayell H.(2003), "UN Highlights World Water Crisis", National Geographic News. June 5.

Nussbaum, Martha(2005), Frontiers of Justice(2005), Vanderheiden, supra, n.4.

The Economics of individual versus Group punishment(2007), 46, *Journal of Studies* 81.

Posner, Eric A. /Weisbach, David(2010), *Climate Change Justice*, Princeton University.

Singer, Peter(2004), *One World. The Ethics of Globalization*, 2. Aufl. New Haven/London.

사회적 정의(Justice)와 기후변화에 관한 롤즈의 관점과 그에 대한 과정 철학적 이해

정윤승(공주교대 윤리교육과 외래교수)

‖ 21세기 글로벌 기후변화와 윤리적 정의(Justice) ‖ **02**

사회적 정의(Justice)와 기후변화에 관한 롤즈의 관점과 그에 대한 과정 철학적 이해[1]

정윤승(공주교대 윤리교육과 외래교수)

1. 롤즈 '정의론'의 전제 조건

1) 원초적 상황

롤즈(J. Rawls, 1921-2002)는 「정의론」(*A Theory of Justice*, 1973)의 개정판[2]에서 정의로운 사회가 가능하기 위해 필요한 두 가지 전제조건의 배경을 '원초적 상황

---

1 본 논문은 '21세기 글로벌 기후변화와 윤리적 정의(Justice) 심포지움'(충남대학교 인문대학 문원강당, 2015년 5월 19일, 충남대학교 철학과 · 한국환경철학회 · 대전환경운동연합 공동 주최)에서 발표한 논문을 수정한 것임. 수정한 글은 「사회적 정의(Justice)와 기후변화에 관한 롤즈의 관점과 그에 대한 과정 철학적 이해」, 『화이트헤드연구』, 제30집, 화이트헤드학회, 2015에 실렸다.

2 J. Rawls, *A Theory of Justice*, revised ed. (Cambridge, Mass.: Harvard University), 1999.(이후 TJ로 약칭함)

(original Position)'이라고 제시한다. 그리고 그 전제조건은 첫째, 무지의 베일(the Veil of Ignorance)이며 둘째, 사회 구성원들의 합리성이다. 여기서의 원초적 상황이란 일반적으로 알다시피 자유롭고 평등하며 합리적인 개인들이 모두 동의할 수 있는 원리이다. 그런데 이는 순수한 가상적(기본적 정의의 원칙들을 선택하는 개인들로 구성되어야 함) 사회계약론적 입장이라 할 수 있다.

첫 번째 전제는 무지의 베일 즉, 구성원들 그 자신에 대한 무지이다. 즉 자신의 현실 속에서도 자신의 여러 특징(계층, 성별은 물론 개인적인 재능, 취향 등)에 대해 무지한 상태여야만 한다고 상정한다. 두 번째 전제는 사회 구성원들의 합리성 즉, 합의된 규칙을 이해하고 그 규칙을 준수하려는 성향과 행복한 인생을 위해서는 자신의 인생계획도 바꿀 수 있는 성향이다.

이와 같은 두 가지 전제가 이루어진다면, 모든 구성원들은 그러한 불확실성의 상황[3]에서 최악의 결과 중 가장 최선인 것을 선택하는 태도와 상태들 중 최선인 것을 가지는 대안을 고르는 태도와 분배적 정의 태도 및 공공성(publicity), 안정성(stability) 등을 갖추게 될 것이라고 보았다.

2) 원초적 상황에서 정의(justice)의 원칙

롤즈는 앞서의 원초적 상황에서는 합리적인 모든 구성원들이 다음의 두 원칙(1.자유의 원칙 2.차등의 원칙 및 공정한 기회 평등의 원칙)들을 따른다고 주장한다.[4]

제 1원칙은 자유의 원칙(the Liberty Principle)은 각 개인은 다른 모든 개인들에게 유사한 자유의 체계가 소유되는 것과 양립 가능한 한도 내에서, 최대한의 광범위한 기본적 자유의 전체적 체계에 대한 평등한 권리를 갖는다는 것이다.

---

3 불확실성의 상황은 가능한 결과들이 산출될 확률 자체를 모르는 상태이다. 이에 대해 일부 공리주의자들은 롤즈보다는 덜 두터운 '무지의 베일'을 드리운다는 조건 하에서 평균 공리의 극대화 원칙이 선택될 것이라는 비판적 입장을 내세운다(Samuel Freeman, *Rawls*, Routledge, 2007, pp.167-80 참조).

4 T.J., p.7.

여기서 롤즈가 말하는 기본적 자유들은 양심과 사고 표현의 자유, 연합의 자유, 정치적 자유들, 개인의 통합성(integrity)을 위한 자유들(사적 공간, 거주와 개인적 재산에 대한 권리들)을 포함한다.

제 2원칙은 차등의 원칙(the Difference Principle)과 공정한 기회 평등의 원칙(the Fair Equality of Opportunities)인데, 차등의 원칙은 최소 수혜자에게 최대의 이익이 되어야 한다는 것이다.[5] 즉 상위 원칙들이 만족된다는 조건 하에서 사회적 이익의 배분은 (불평등을 통해서라도) 최소 수혜자의 처지를 극대화하는 방향으로 체계적으로 조정되어야 한다는 것이다.[6] 공정한 기회 평등의 원칙은 모든 사람들에게 그 직책과 직위가 개방되어야 한다는 것이다. 즉 동등한 능력과 의욕/동기를 가진 사람들은 직책과 직위와 관련하여 동등한 삶의 전망을 가질 수 있어야 한다는 것이다. 즉 자신이 속한 사회 계층이나 초기의 가족 환경 등으로 인해 능력과 의욕 개발에 영향을 주지 않도록, 저소득층에 대한 교육 및 훈련 기회의 지원이 이루어져야 한다는 것이다. 다만 이들 원칙들 간에는 우선성이 지켜져야 한다고 주장한다.[7]

2. 롤즈 '정의론'의 특징과 기후변화에의 적용가능성

1) 롤즈 '정의론'의 특징

첫째, 그의 '정의론'은 우선적으로 개인의 합리성에 기반하고 있다. 이것은

5 T.J., pp.60-1.

6 T.J., pp.60-5.

7 (1) 제 1원칙이 제 2원칙에 우선한다. 즉 평등한 자유는 사회적, 경제적 효율성을 위해 희생될 수 없다. (2) 제 2원칙 내에서는 공정한 기회 평등의 원칙이 차등의 원칙에 우선한다.

롤즈가 모든 규범의 정당화 근거를 개인들 간의 합의에서 찾는 계약론의 전통을 계승하고 있다는 데에서 기인한다. 물론 이기적 개인들이 상호 혜택을 위해 차선책으로 규범에 합의하는 계약론은 아니다. 정의감을 가진 자유롭고 평등한 개인들이, 자신들의 자율성을 확보해 주는 공정한 원칙에 합의한다는 것이다.[8]

둘째, 공동체적 사회 제도를 전제로 하고 있다. 정의의 일차적 주체는 권리, 자유, 이득과 부담을 분배하는 사회의 기본 제도이다. 그러한 정의로운 제도에서 구성원들은 자유롭게 자신의 합리적 인생 계획을 추구할 수 있으며, 동시에 서로가 정의를 책임 있게 지키는 그러한 자발적 준수를 이끌어 낼 수 있다는 것이다.

셋째, 자유주의를 우선적으로 강조하고 있다. 제 1원칙인 자유의 원칙이 최고의 우선성을 갖는다는 것이 그 자유주의적 측면을 보여주고 있다. 즉 정의로운 제도 하에서 개인들은 자유롭게 자신의 행복과 선을 추구할 수 있어야 한다는 것이다.

넷째는 평등주의의 중요성을 강조하고 있다. 이것은 호혜성의 측면에서 여러 혜택을 받은 구성원들은 최소 수혜자에게 도움이 된다는 조건 하에서 그들을 도와야 한다는 것인데, 이는 사회, 경제적 불평등을 막기 위한 것이다. 또한 공정한 기회 평등이 이루어지기 위해서는 실질적인 기회 제공이 이루어져야 한다고 말한다. 이는 낮은 계층의 구성원에게도 교육과 재능 개발 등의 광범위한 실질적 기회가 주어져야 한다는 것이다.

8 T.J., p.67.

2) 기후변화에 대한 '정의론' 적용 가능성

(1) 구성원 개념을 국가 개념으로 확장

롤즈의 '정의론'은 한 집단 내의 구성원 즉 원초적 상황에서의 당사자들을 원칙의 적용 대상으로 삼는다. 이를 기후변화에 적용하기 위해서는 각 집단 즉 국가를, '정의론'에서 말하는 개인으로 환원하여 상정할 필요가 있다. 즉 원초적 상황은 자유롭고 평등하며 합리적인 개인들이 모두 동의할 수 있는 원리를 탐구하는 데서 시작하는데, 여기서의 개인을 국가로 전환하여 적용해야 한다. 다시 말해 일부 선진국들이 중심이 되어 마련된 규범이 아니라, 모든 국가들이 동의하고 합의한 근본적 원리가 도출되어야 하는 것이다.

(2) 국가 간 공정성 확보

무지의 베일 역시 한 개인에서 국가로 확장되어야 한다. 각 국가는 자신들의 인정 역사, 문화 등에 대한 정보를 배제한 상태에서 합의 가능한 글로벌 체제의 범국가적 규범 리스트를 마련해야 한다. 왜냐하면 이것이 전제되었을 때에만 국가간에 공정성이 확보될 수 있기 때문이다. 물론 이러한 입장이 기후변화에 대해 '탈역사적(ahistoric)' 원리 즉 시간의 평면을 잘라 현재 상태에서 문제를 바라보자는 시각으로 비춰질 수도 있다. 이는 과거 기후변화의 책임은 무시하고 현재 시점에서 온실가스 배출 책임을 묻자는 것인데, 새로운 미래지향적 기준을 정하는 것이 바람직하는 입장이다. 그러나 이것은 결코 '오염자 부담 원칙'과 '수혜자 부담 원칙'을 면제해주지는 않는다. 무지의 베일은 각 당사국들이 타 국가에 대한 편견이나 선입견등을 배제했을 때에 공정한 윤리 원칙을 모색할 수 있다는 것이다.

(3) 각 국가의 정의감과 합리성 확보

이러한 윤리 원칙을 모색하기 위해서는 각 국가들이, 합의에 의해 마련된 규칙을 이해하고 준수하려는 노력을 기울여야 하며, 자국에 이익을 위한 나름의 국가 발전 계획을 수립할 수 있는 합리성을 갖추어야 한다. 이것은 각 국가의 자발적인 노력 즉 계몽과 교육 및 정치 경제적 안정성 확보의 자구책이 필요한 부분이겠지만, 동시에 그동안 산업발전을 통해 수혜를 받은 선진국들의 도움과 부분적인 강제성도 요구되는 부분일 것이다. 이것은 롤즈의 공정한 기회 평등의 원칙에도 부합하는 측면으로 저개발국가에 대한 교육 및 훈련 기회의 지원이 이루어져야 한다는 것이다.

(4) 국가 간 차등의 원칙 적용

최소의 수혜 국가에게 최대의 이익이 돌아가야 한다. 이는 선진국들에게 다소의 불평등이 발생하더라도 이루어져야 하기에 선진국들의 감수가 전제되어야 한다. 이것은 각 국가 내 구성원들이 동의해야 할 내용이며, 또한 이러한 감수와 배려라는 호혜적인 태도의 결과가 결코 그들의 피해로 이어지지는 않는다는 점도 깨달아야 할 내용이다.

3. 롤즈 '정의론'에 대한 과정 철학적 관점

화이트헤드는 본인의 과정 철학적 입장에서 선(Good) 역시도 개별적인 특수한 선은 철저히 보편적인 선의 개념에서 분리될 수 없다고 본다. 즉 개별적인 행위에 대한 선의 가치평가는 보편적인 선과의 관계성 속에서 이루어지는데, 현실적 존재자(actual entity)는 이와 같은 가치평가의 과정에서 낮은 차원의 선보다 높은 차원의 선을 선택하여 일종의 상실의 과정을 거치게 된다는 것이다.[9] 따라서 화이트헤드는 합생 과정에서 발생하는 위와 같은 상실의 단계를 자연적으로 발생하는 존재자들 간의 관계에 일종의 패턴을 불어넣고, 그러한 패턴들의 안정성을 추구하며, 시간의 흐름에 따라 그 패턴들을 수정해 나가는 선의 필수적인 조건이라고 말한다.[10]

우리가 직면한 기후변화라는 상황에서도 역시 선은 안정적인 패턴에 대한 추구이기 때문에 그러한 조건에서 발생하는 악은 그 자체의 성질상 불안정한 것일 수밖에 없다. 오히려 우리가 유의할 점은 악이 인도하는 퇴화의 상태는 그것이 성취되었을 때, 그것의 이전 상태와의 비교에 의한 것을 제외하고는 그 자체로 악이 아니라는 점이다.[11] 어떤 참신한 사실도 뒤로 후퇴할지 혹은 금지되거나 연기될지 모른다고 화이트헤드는 말한다. 또한 현실적 존재자가 갖는 자유로움으로 인해 참신함 즉, 새로운 창조성이 오히려 존재자의 합생의 완결 다시 말해 생성의 종결을 방해할 수 있지만, 진보가 시작되면 진보는 내용적으로 풍요롭고 보다 충만하게 통제되며, 보다 안정적이 될 것이라고 말한다.[12] 즉 우리의 기후변화와 관련된 이러한 논의 자체는 그 자체로도 하나의 새로운 진보를 위한 시작이며, 이것의 결과에 대해서는 알 수 없는 것이 사실이다.

사실상 모든 악의 공통적인 특성은 그 안에서 그것 제거를 향한 한 목적의 동시적 실현이 들어있다. 즉 무질서와 혼란함은 이미 그 안에서 나름의 질서와 패턴을 갖고 있으며, 이는 스스로 악을 피하기 위함을 내포하고 있다. 즉 악이 불안정하다는 사실은 바로 세계 안에서의 도덕적 질서를 함축하고 있는 것이다.[13] 특히 화이트헤드는 그의 형이상학 체계에서 악은 다음과 같은 것이

---

9 Whitehead. A. N., *Process and Reality: An Essay in Cosmology*, Edited by David Griffin and Donald W. Sherburne, N. Y., Free Press, 1978(1929), p.15(이후 P. R.로 약기함).

10 Whitehead, A. N., *Essays in Science and Philsophy*, Greenwood Press, N. Y., 1968, p.109(이후 S. P.로 약기함).

11 R. M., p.75.

12 P. R., p.223.

13 R. M., p.74. 참조.

라고 설명한다.

> ① 시간적인 현실태들의 자기창조 속에 내재해 있는 자유
> ② 시간적인 현실태들 안에 내재해 있는 유한성이라는 한계에서 비롯된 것이다.[14]

결국 우리가 만나는 세계에서의 악은 현실적 존재자의 합생 과정과 미래로의 전이와 관련해서 볼 때 그다지 중요한 위치를 점하고 있지 않다. 오히려 그 파괴적인 그래서 방해적인 요소들이 갖는 불일치성과 애매성으로 말미암아 주체는 더욱 생생한 직접성을 부여받게 된다.[15] 어떤 사실과 관련된 무질서 혹은 혼란함(예를 들면, 기후변화에 대한 논쟁들)은 현실적 존재자의 선택의 과정에서 발생하는 것으로 적절한 강도의 더 고차적인 선이 더 저급한 등급의 방해에 의해서 좌절될 때 나타나는 것이라 할 수 있다.[16]

사실상 바로 이러한 이유로 인해, 단순한 물질적 세계에서 우리가 부질서 혹은 악의 정확한 개념을 발견할 수 없는 것이다. 다시 말해 무엇이 옳은 것이며, 무엇이 그른 것인지에 대한 가치평가는 그 개념적 평가에 의해서만 가능하다. 물질적 세계 속에서 우리는 어떠한 가치 등급의 체계도 식별할 수 없다.[17]

화이트헤드가 말하는 상실로서의 악은 세 가지의 형태를 띤다. 첫째는 하나의 개념이 실재와 충돌하는 것이다. 그리고 둘째는 두 개의 실재가 충돌하는 것이며, 셋째는 두 개의 개념이 서로 충돌하는 것이다.그런데 총체적으로 조화를 이루는 있는 패턴은 그 대상을 이루고 있는 각 부분들의 일관된 효과

---

14 Hosinski, T. E., *Stubborn Fact and Creative Advance: An Introduction to the Metaphysics of Alfred North Whitehead*, Rowman & Littlefield, 1993. 장왕식 · 이경호 역,『화이트헤드 철학 풀어 읽기』(이문출판사, 2003), p.264.

15 Sherburne, D. W., *A Key to Whitehead's Process and Reality*, the Chicago Univ Press, Chicago, 1966, p.176(이후 A. W.로 약기함).

16 S. P., p.88.

17 *Ibid*.

를 보여준다. 하지만 이와 같은 개념적 논의는 그 느낌에 대한 배경과 관련된 언급이 없다면 무의미한 것에 불과할 것이다. 모든 추상은 개별적인 복잡한 사실로서의 통일체를 직접적인 현재에서 찾고 있는 느낌의 어떤 배경과의 연관성에서 중요성을 갖기 때문이다. 우리가 느끼는 그 (아직은 미결정의)패턴은 선도 악도 아니다. 결국 모든 흐름과 패턴은 현실적이거나 개념적인 실현에 의해 선과 악으로 평가되는 것이다.[18] 우리가 만나는 모든 존재자는 본질적으로 개별적인 특징을 갖는다. 그러나 본질적으로 다른 대상과의 가능적(potential) 혹은 현실적인(actual) 연관성 속에서 그 의미를 갖게 된다. 화이트헤드는 개별적인 특징들의 요소들이 연관성 속에서 그 관계가 맺어지고, 반대로 그 연관성 속에서 자신들의 특징이 형성된다고 한다.[19] 즉 어떤 사실 혹은 어떤 문제도 우주론적인 유기적 추상(abstract)에서 국한되어 생각될 수 없으며, 자신들(각 국가와 단체를 포함하여)의 개별적 특성만으로 결정지어서는 안 된다.[20]

기후변화라는 사건들이 우리에게 의미(significance)[21]가 있다는 것은, 그것은 우리가 알고 있는 것보다 훨씬 복잡한 유기적 형태를 띠고 있기 때문이다. 왜냐하면 모든 사건들은 서로 상호간 의미 관련을 가지고 있으며, 사건들이 의미를 갖는 것은 (지금의 기후변화에 대한 각 국가 간의 태도와 같이) 그것들의 시공간적 구조에서 기인한다는 것이다. 이러한 점에 있어서 그러한 구조란 우연적인 관계성에서 발생하는 우발적인 이질성이라고 가정할 수 있는 것이다. 즉 이러한 이질성은 우연적 관계성과 유기적 관련성에서 발생하는 것이다.[22]

---

18 S. P., pp.110~1. 참조.

19 S. P., p.110. 참조.

20 *Ibid*.

21 화이트헤드의 '유의미성'은 사물들의 관계성을 보여주는 용어이다. 그는 유의미성을 우리가 일반적으로 사용하고 있는 '경험'에 빗대어 설명하고 있다. 즉 우리가 경험하고 인식하는 것은 단지 사물이 아니라, 사물의 관계성이라고 말한다.(Whitehead, *Principles of Natural Knowledge*, Cambridge, 1919, pp.12-3)

22 Whitehead, *The Principle of Relativity*, Cambridge University Press, Cambridge, 1922. p.25 참조.

4. 나오면서

롤즈의 '정의론'은 공리주의의 한계를 뛰어넘고자 하는 시도였다. 왜냐하면 인간의 행복은 삶의 질적인 문제이지 죽느냐 사느냐라는 생사여타의 문제가 아님은 두말할 나위도 없기 때문이다. 사람들은 누구나 질적인 측면에서 보다 나은 삶을 영위하고자 하며 이를 위해 필요한 노력을 다하고 있다. 모든 생명체가 그러하듯 육체적인 만족과 정신적인 만족이라는 이중의 목표를 실현시키고자 한다. 그런데 특이한 것은 인간이라는 생명체는 육체적인 측면보다는 정신적인 측면에 더 큰 가치를 두어야 한다고 여기면서도, 물질적 측면의 만족 역시 포기하지 못한다는 점이다. 이것은 육체 혹은 물질적 만족이 정신적 만족의 기초라고 생각하는 데에서 기인한다. 선진국에 의한 이산화탄소 배출이 감소되지 않는 이유도 여기에 출발점을 두고 있다. 이러한 물질 중심의 사고방식은 인간의 행복이 삶의 질적인 문제보다 죽느냐 사느냐의 물질적, 육체적 문제에 더 큰 가치를 두게 되는 아이러니가 되었다. 이로써 인간은 갈등과 반목으로 뼈아픈 역사적 결과 즉 전쟁과 패망, 기아와 질병 그리고 죽음, 물신숭배로 인한 인간 존엄성의 상실 등을 겪어야 했다.

본 논문은 이러한 기후변화라는 상황에서 우선 롤즈의 윤리원칙이 적용 가능한지 살펴보고자 했다. 그리고 그러한 적용에 있어 화이트헤드의 과정철학이 어떤 시도가 필요한지 살펴보고자 했다. 지금의 우리는 물질적 풍요가 정신적 행복의 기초가 되지 않는다는 점을 다시금 되새겨 보아야 할 시기에 직면했다. 오히려 우리는 정신적 만족과 행복을 위해 물질적 풍요에 대한 집착을 내려놓아야 할 때가 왔음을 깨달아야 할 것이다. 그렇다면 당장의 경제적 이익을 위한 개발이 미래의 불행을 초래할 수 있으며, 이를 사전에 예방하기 위해서는 국가 간 합의사항에 대한 준수 및 타 국가에 대한 온실가스 감소 기술 지원 및 교육이 절실한 것이다.

참고문헌

Whitehead, A. N., *Essays in Science and Philsophy*, Greenwood Press, N. Y., 1968.

_____, *Process and Reality: An Essay in Cosmology*, Edited by David Griffin and Donald W. Sherburne, N. Y., Free Press, 1978(1929).

_____, *Religion in the Making*, the Macmillan Co., N. Y., 1954. 류기종 역, 종교론』(종로서적, 1986).

_____, *Science and the Modern World*, Macmillan, N. Y., 1926(1925). 오영환 역, 『과학과 근대세계』(서광사, 1989).

Rawls. J. *A Theory of Justice*. Cambridge, Massachusetts: Belknap Press of Harvard University Press, 1971.

_____, *Political Liberalism. The John Dewey Essays in Philosophy*, 4. New York: Columbia University Press, 1993.

_____, *The Law of Peoples*: with "The Idea of Public Reason Revisited." Cambridge, Massachusetts: Harvard University Press, 1999.

_____, *Lectures on the History of Moral Philosophy*. Cambridge, Massachusetts, Harvard University Press, 2000.

_____, *Justice as Fairness: A Restatement*. Cambridge, Massachusetts: Belknap Press, 2001.

Catriona McKinnon, *Climate Change and Future Justice: Precaution, Compensation*, 2012.

Darrel Moellendorf, *The Moral Challenge of Dangerous Climate Change: Values, poverty and policy*, 2014.

Gideon Calder, *Climate Change and Liberal Priorities*, Catriona McKinnon, 2013.

03

기후변화의 윤리적 쟁점

김명식(진주교대 도덕교육과 교수)

03

기후변화의 윤리적 쟁점[1]

김명식(진주교대 도덕교육과 교수)

1. 서론

기후변화와 그 영향을 관측하는 가장 권위 있는 기구는 1988년 설립된 유엔 산하의 '기후변화에 관한 정부간 위원회'(IPCC: International Panel on Climate Change)이다. IPCC가 예측한 시나리오에 따르면, 가장 유리한 경우라고 해도 지구온난화가 계속 진행되어 금세기 말에 이르면 연평균 기온이 현재보다 1.1~2.9도 더 높아지고 해수면 수위는 18~38cm 상승한다. 반면에 현재의 추세를 그대로 유지한다면 2100년에는 연평균 기온이 현재보다 6도 더 상승하고 해수면 수위는 25~50cm 높아진다(유네스코한국위원회, 2010: 19).

1 이 글은 『환경철학』, 제14집, 한국환경철학회, 2012에 실린 수록된 내용을 수정보완하였음.

기후변화는 그야말로 전 지구적인 환경문제로 개별국가 차원이 아니라 모든 나라들이 합심해 노력할 때에만 대응이 가능하다. 그래서 유엔은 '공통적이지만 차별적인 책임'(common but differentiated responsibility)의 원칙에 따라 모든 나라들의 감축 노력과 아울러 선진국의 우선적이고 더 큰 감축 노력을 촉구하고 있다. 이것은 기본적으로 형평에 입각하면서도 각자의 책임과 능력에 따라 인류의 현재 및 미래 세대의 이익을 위하여 기후체계를 보호해야 한다는 것을 의미한다. '형평', '책임', '미래세대와 현재세대의 이익'이라는 용어에서 보이듯이 기후변화에는 단순히 기술적이거나 자연과학적인 문제뿐만 아니라 윤리적인 문제가 깊숙이 개입되어 있다(Brown, 2009: 25).

이 글은 기후변화가 윤리적인 문제라는 점을 보이고, 관련된 윤리적 쟁점과 논쟁을 소개하는 것을 목적으로 한다. 기후변화와 관련된 다양한 쟁점과 논쟁을 소개하기 때문에 어떤 한 쟁점을 자세히 다루지는 않을 것이다. 그간 기후변화윤리에 대한 몇몇 글이 있긴 했지만[2], 다양한 쟁점들을 일목요연하게 소개하는 글은 없었다는 점에서 이글은 의미를 가질 것이다. 이글에서 나는 쟁점을 소개하려는 이글의 목적에 맞게 어느 한 입장에 치우치지 않고 최대한 균형 있게 논의를 전개하려고 할 것이다.

2. 기후변화와 윤리

우리가 '기후변화'라고 할 때, 기후(climate)는 날씨(weather)와 다른 개념이다.

2 기후변화 윤리에 대해 우리나라에서 발표된 글로는 양해림(2009), 변순용(2010), 유네스코한국위원회(2010)가 있다. 양해림은 기후변화와 관련해 선진국과 미개발국간의 사회정의의 문제에, 변순용은 책임의 문제에 초점을 맞추고 있다. 또한 유네스코한국위원회(2010)는 다양한 쟁점을 소개하지만, '유네스코 기후변화윤리선언'을 위한 보고서이기 때문에 윤리적 논쟁들을 다루지는 않았다.

날씨가 우리가 매일 경험하는 기온, 바람, 비 등의 대기 상태를 의미한다면, 기후는 수십 년 동안 한 지역의 날씨를 평균화한 것이다. 따라서 기후변화는 오랜 기간 동안 날씨 상태를 관찰한 결과, 통계적으로 중요한 변동이 존재한다는 것을 뜻한다(정대연 2011: 587).

IPCC 4차보고서(2007)에 따르면, 최근 100년간 지구평균기온은 약 0.7도 상승하였다. 그리고 북반구 고위도 지역의 평균 기온상승은 이보다 높다. IPCC는 기후 상승의 핵심원인을 이산화탄소(CO_2)로 지목하고 이산화탄소 영향이 66~99%라고까지 주장하고 있다. 대기 중 이산화탄소 농도는 산업화 이전 280ppm에서 현재 390ppm으로 변화했다. 이런 전대미문의 높은 이산화탄소 농도는 석탄 석유에 의존한 인류의 산업 활동 때문이라는 데에는 과학자들 간 이견이 없다. 현재의 증가 속도가 유지되면, 수십 년 안에 이산화탄소가 산업화 이전의 두 배인 560ppm에 도달할 것으로 예측된다(최용상, 2011: 239-240). IPCC의 과학자들은 지구 기온 변화의 위험 수준을 2도로 본다.[3] 그리고 2도 이내로 온도상승을 막기 위해서는 대기 중 이산화탄소 농도를 450ppm로 안정시켜야 하며, 이를 위해서는 적극적이고 빠른 대응이 요구된다고 주장해 왔다.

우리나라의 온난화 추세는 지구의 온난화 추세를 상회하고 있다. 기온과 강수량의 장기간 변화 경향을 분석하는 것이 기후변화를 평가하는 가장 일반적인 방법이다. 우리나라는 1912년 이후 평균기온이 1.7도 상승하였으며, 강수량은 19% 증가한 것으로 분석되었다. 겨울은 한 달 가량 짧아지고 여름은 길어졌으며, 서리일 결빙일 등 저온일은 감소하고, 열대야 여름일 등 고온일은 증가하였다. 강수의 경우 강수일수는 줄어들고 호우일수는 증가하였으며,

3 기후 전문가들이 위험 수준을 2도 상승으로 보는 것은 이를 임계 시점으로 보기 때문이다. 임계시점이란 기후변화의 위기가 인간이 더 이상 손을 쓸 수 없는 한계점을 넘어가는 시점이다. 가령 '6도의 악몽'의 저자 마크 레이너스에 의하면, 지구 온도가 2도 이상 상승하면 아마존이 붕괴되고 토양의 탄소 배출이 유도되는 임계점을 넘어선다. 이로 인해서 대기 중으로 이산화탄소 250ppm이 추가로 배출되면서 온도가 1.5도 상승한다. 이는 곧 4도 상승으로 이어진다. 일단 이 단계에 접어들면, 시베리아의 영구동토층이 녹으면서 나오는 탄소와 메탄의 배출이 가속화되어 대기 중으로 배출되는 온실가스가 더 늘어나 곧 5도 상승의 세계로 진입한다. 이 정도로 온난화되면 바다 심해에 저장되어 있는 메탄하이드레이트가 대기 중으로 배출되어 6도 상승에 따른 대멸종의 재앙이 발생한다는 시나리오가 있다(유네스코 한국위원회, 2010: 23).

특히 여름철 강수량의 증가가 뚜렷하다. 또한 왕대분포 등 동식물의 서식지와 농작물 재배지역 변화가 보고되고 있다. 해양에서는 연근해 바닷물의 온도가 1도 가량 상승하고 해수면도 지구평균보다 빠르게 상승해 해양생태계에도 변화가 감지되고 있다(이경미 외, 2011: 238, 권원태, 2005: 10, 권원태 2011: 3).

IPCC는 기후변화와 관련한 정책결정을 하기 위해서는 자연과학, 기술과학, 사회과학이 제공하는 중요한 정보를 참고해야 한다고 하면서도, 동시에 이러한 결정은 기본적으로 가치판단이라는 점을 명확히 한다. 또한 1992년 제정된 유엔의 기후변화협약은 '현세대와 미래세대 인류의 보호' '기후체계에 대한 인간의 위험스런 간섭의 방지' 등을 목적으로 한다고 명시하는데, 이런 목적들과 관련된 원리들은 가치 의존적 개념들이다. 예를 들어 '평등', '공통적이지만 차별적인 책임'(3,1항), '개발도상국들의 특별한 필요'(3.2항), '개발에의 권리들'(3.4항) 등은 다 넓은 의미의 도덕 정치철학과 연관되는 것들이다(Gardiner, 2010a: 2).[4]

기후변화에서 윤리적 접근이 중요한 이유는 공간적으로 그리고 시간적으로 기후변화를 야기한 존재와 그로 인해 피해를 받는 존재가 일치하지 않는다는 점에서 사회정의의 문제가 제기되기 때문이다. 이런 점에서 기후윤리를 기후정의의 문제로 보기도 한다.[5]

먼저 공간적으로 볼 때 기후변화의 주된 책임은 북반구에 몰려 있는 선진국에 있지만, 가장 피해를 보는 지역은 남반구의 빈국이다. 북반구 미국에서 발생하는 대규모 에너지 소비는 남아시아와 태평양의 섬에게는 죽음과 질병을 야기한다. 그런데 이 지역의 사람들은 온실가스를 가장 적게 배출하기 때문에 어떤 의미에서는 오늘날 환경문제에 가장 책임이 적은 사람들이다. 하

4 이것은 유엔 유네스코 보고서에서도 확인된다. 유네스코 산하의 COMEST(2009) 보고서를 읽다 보면 실제 일반적인 보고서가 아니라 마치 '윤리학 논문'을 읽고 있다는 느낌이 든다.

5 가령 윤순진(2009)의 시각이 그렇다. 필자가 보기에 기후윤리에서 분배적 정의가 매우 중요한 문제이긴 하지만, 기후윤리는 미래세대에 대한 책임문제 및 어떻게 살 것인가 하는 삶의 문제와 연관되기 때문에 기후정의의 문제에 국한되지 않는다.

지만 기후변화로 인한 피해는 남반구 가난한 나라에 집중되는 경향이 있기 때문에 이른바 '지구적 정의'(global justice)의 문제가 제기된다.[6]

기후변화는 지구 북반구의 선진국에게는 긍정적인 측면도 있다고 지적된다. 고위도 지역의 경우 기후가 따뜻해지면서 곡물의 생육기간이 길어져 다모작이 가능하고 소출도 늘어나기 때문이다(Lomborg, 2009:143). 반면 남반구나 북반구 저위도 지역은 피해가 심각하다. 기온이 상승하고 지구의 빙하가 녹으면서 해수면이 6미터까지 상승이 예상되는데, 이 경우 남태평양의 도서지역이나 방글라데시, 이집트, 중국, 인도의 상당 부분이 침수될 것이다. 또 아프리카의 경우는 기온상승에 따라 말라리아, 뎅그 열 등 열대성 질병은 확산되고, 아프리카 사하라 이남지역의 식량생산은 심각하게 감소된다고 한다(Singer, 2003: 42-46).

가난한 나라들은 기후변화에 대처할 수 있는 대응능력이 취약하다는 점에서 어려움이 가중된다. 예를 들면 기후변화 적응을 위한 계획을 수립하는 데 있어 무엇보다 중요한 것은 기후관련 정보일 것이다. 기후변화에 대한 정보가 있으면 사전 대비가 용이해 피해를 줄일 수 있기 때문이다. 그런데 가난한 나라일수록 기후학적 정보가 부족하다. 구체적인 예를 들면, 네덜란드는 기상관측소가 평균 716 km2 당 1개소가 설치되어 세계기상기구 권고치의 4배가 넘는 반면, 아프리카 사하라이남 지역의 경우 25,460 km2 당 1개소씩 설치되어 권고치의 1/8 수준이다(윤순진, 2009: 53).

그렇다고 기후변화를 '국가간 정의'(international justice)의 문제로만 볼 수는 없다. 국가 내부에서도 기후변화를 유발한 책임의 정도는 다르며, 피해의 크기 또한 다르기 때문에 '국가내 정의'(intranational justice)의 문제도 제기된다. 기후변화로 인해 야기되는 폭염, 혹한, 홍수 등의 재해 위험은 같은 국가 내에서도 지역별로, 성별, 연령별로 다르다. 가령 어린이와 노인, 여성, 건강상태가 좋

6 선진국과 미개발국간의 정의 문제에 대해서는 양해림(2009)을 참고할 것.

지 않은 사람, 소득수준이 낮아 거주환경이 불량하고, 이동수단이 결핍된 사람이 더 피해를 본다. 그리고 직업에 따라 농업이나 수산업과 같이 기후영향을 많이 받는 산업 종사자들은 다른 직업 종사자보다 더 취약하다(유네스코한국위원회, 2010: 5).

'국가간 정의', '국가내 정의'를 포괄하는 '지구적 정의' 문제 이외에 '세대간 정의'(intergenerational justice) 문제도 심각하다. 왜냐하면 기후변화의 원인은 화석연료 때문인데 이로 인한 탄소배출은 18세기 후반 산업혁명 후 비약적으로 증가했다. 이 화석연료를 사용한 이는 과거세대 및 현재세대이다. 반면 그로 인한 피해는 미래세대에게 더 심각한 것이 된다. 이런 맥락에서 기후변화윤리에서 미래세대의 문제는 매우 중요한 비중을 차지한다.

아울러 기후변화는 정의의 문제 이외에 책임의 문제도 제기한다. 이것은 기후변화의 원인과 결과의 분산, 행위자의 파편성 문제와 관련된다. 기후변화가 발생하는 원인을 어느 한 지역, 어느 한 시점으로 국한시킬 수 없다. 또한 기후변화를 일으킨 행위자도 특정 개인과 특정 국가에 귀속시키기는 어렵다. 기후변화는 단일 행위자가 일으킨 것이 아니라 막대한 다수의 개인들, 복잡한 구조가 영향을 미친 것이기 때문이다. 그래서 변순용은 기후변화에 대한 책임의 문제를 "내가 한 것도 아닌데 그리고 나만 한 것도 아닌데 내가 왜?"라는 물음에 대한 해답을 찾는 문제로 보기도 한다. "기후변화에 대해 책임져야 한다"는 요청은 현재 세대에게는 마치 "빌리지도 않은 돈을 갚으라"는 요청으로 들릴 수 있기 때문이다(변순용, 2010: 15).[7]

한편 기후변화 문제는 "우리는 어떻게 살아야 하는가"라는 철학적 문제를 제기한다. 기후변화가 심각하다고 동의할 경우, 우리는 현재 우리의 소비 양태와 규모를 바꿔야 한다는 요구에 직면하기 때문이다. 환경위기는 화석연

7 변순용에 따르면, "상응하는 권리가 없어도 제기되는 의무가 있을 수 있는가"라는 물음과 관련해 두 가지 대답이 가능하다. 하나는 렝크처럼 준권리를 상정하거나, 아니면 요나스나 레비나스처럼 권리 없는 의무를 인정하는 것이다(변순용, 2010: 22).

료를 기반으로 하는 대량생산 대량소비 사회에서 발생하는 것이다. 그렇다면 우리는 지속가능한 소비, 윤리적 소비에 대한 문제 제기로 나갈 수밖에 없다. 이것은 위험과 이득의 단순한 분배 문제를 넘어 과연 어떤 삶이 바람직한가에 대한 근본적 성찰을 필요로 한다.

3. 불확실성, 회의주의, 사전예방의 원칙

1) 불확실성과 회의주의

IPCC의 주장을 요약하면 크게 두 가지이다. 첫째 지구온난화가 전례 없는 심각한 현상이어서 이대로 방치할 경우 수십 년 내에 대재앙이 도래할 것이라는 것, 둘째 지구온난화가 인간에 의해 초래된 것이기 때문에 인간이 노력하면 이를 방지 또는 완화할 수 있다는 것이다. 이런 입장에서 기후변화에 각별한 관심을 가지고 '사전예방의 원칙'을 적용해 위험에 대한 과학적 증거가 다소 부족하더라도 선제적 예방조치를 취해, 대재앙을 막아야 한다는 주장이 나온다.

그런데 문제는 기후변화와 그것이 미치는 영향에 대한 예측이 우리가 생각하고 있는 것보다는 매우 불확실하다는 점이다. 전체 수억 년에 달하는 지구의 역사에서 과학적 형태의 기상관측이 이루어진 것은 백년 남짓하고, 관측도 불완전하다. 동시에 지구의 역사에서 기상 이변은 이례적인 것이 아니라 일상적인 자연현상의 일종이며 지구의 자정능력으로 해소될 수 있다는 주장도 있다. 이런 이유에서 IPCC의 기후위기에 대한 진단은 과장된 것이고, 대응 또한 이성적이지 않고 호들갑 수준이라고 비판한다. 즉 기후변화 대응과 관련해 양 극단이 존재하는 것이다. 위기의식을 느껴 사전예방의 원칙을 적용해 철저히 대비하자는 입장과 그러한 현재의 대응은 지나치게 감정적이라는 입장이 공존하는 것이다. 여기서 우리는 이렇듯 불확실한 상태에서 어떻게 행위하는 것이 제대로 된 것이고 바람직한 것인가 하는 인식론적, 규범적 문제에 직면한다.[8]

기후변화의 위기가 과장되었다고 주장하는 대표적인 논객은 롬보그(Bjorn Lomborg)이다. 그는 『불편한 진실』에서의 엘 고어의 시도를 감정적인 것으로 일축한다. 『불편한 진실』 영상을 통해 우리는 녹아내리는 유빙에서 홀로 서서 뛰어 건너갈 다음 얼음을 헛되이 찾는 북극곰을 보면서 안타까움과 기후변화의 심각성을 느낀다. 하지만 롬보그는 이는 매우 감정적인 것이고 사태를 냉정히 보지 못한 것이라고 비판한다. 그에 따르면, 실제 북극곰의 개체 수는 지난 수십 년 동안 오히려 증가했다. 북극곰은 1960년대 5천 마리 정도였던 것이 오늘날에는 2만 5천 마리 수준이다. 이는 사냥을 엄격히 제한했기 때문이다. 매년 평균 사냥으로 희생당하는 곰은 49마리인 반면, 지구온난화로 줄어든 곰은 15마리 정도에 불과하다. 사냥에는 관대하던 사람들이 지구온난화에는 그렇게 엄격한 것은 일관적이지도 현실적이지도 않다. 또한 롬보그에 따르면, 이 세상에 존재하는 동물은 북극곰만 있는 것이 아니고, 오히려 기후변화 덕분에 형편이 더 나아진 종들도 많다. 기후변화로 인해 북극의 기온이 높아져 나비와 둥지를 트는 새들이 증가해 북극권의 생명 종 다양성이 증가하고 있는 것이다(Lomborg, 2008: 22-24).

이런 맥락에서 회의론자들은 기후학자들의 주장은 편견과 과장으로 뒤덮인 것이라고 회의적인 시선으로 바라본다. 이들에 따르면, 기후변화가 심각하다는 기후학자들의 관측은 최근의, 극단적으로 추운 날씨에 기초해있는 것으로 신뢰할만한 정보의 근원을 갖고 있지 못하다. 또 설사 기후변화가 심각

8 기후변화의 불확실성은 기후변화의 발생원인, 기후변화의 진행 속도와 강도, 불가역적인 문턱의 존재 유무와 특정 농도와 시점, 기후변화가 생태계, 물, 농업, 정주환경 등에 미치는 영향, 기후변화로 인한 영향의 사회 경제 정치적 파급 범위 등 다양한 영역에서 발생한다(유네스코한국위원회, 2010: 7).

하다고 하더라도 그것을 반드시 인간에 의한 것으로 볼 수 있느냐고 지적한다. 그리고 더 나아가 기후변화를 반드시 부정적으로만 볼 필요는 없기 때문에, 기후변화를 대재앙 수준으로 해석하고 대중들에게 위기의식을 고취시키는 이들의 호들갑스런 대응은 잘못된 것이라는 것이다.

회의론자들의 주장은 일반인들에게도 지대한 영향을 끼쳤다. 가령 2006년 타임지 조사에 따르면, 미국인들의 56퍼센트만이 지구온도가 상승했다고 믿으며, 64퍼센트는 지구온난화에 대해 과학자들의 견해가 엇갈리고 있다고 믿는다. 그래서 기후변화의 심각성과 적극적인 대응을 거부하는 사람(denier)이 있는가 하면 대응을 연기하자는 사람(delayer)도 있다(Shrader-Frechette, 2011: 15).

회의론은 2009년 이른바 '기후스캔들'에서 절정을 이룬다. 기후스캔들은 IPCC 기후과학자들과 밀접한 연관을 가진 조직이었던 영국 앵글리아 대학 기후연구소(CRU)의 연구소 서버에서 1000개 이상의 이메일과 2000개의 문건이 해킹되어 인터넷에 공개되면서 시작된다. 해킹을 통해 폭로된 내용은 관련 기후학자들이 기후온난화 데이터를 과장 혹은 조작했고 이를 숨기기 위해 원자료를 공개하지 않았으며, 심지어는 이들에 비판적인 연구자들의 논문이 학술지에 게재되는 것을 막기 위해 논문심사과정에 개입해 게재를 막았다는 것이다. 기후학자들은 기후변화에서 실제관측 기온과 함께 나무 나이테 데이터를 이용해 북반구 기온을 재구성해 왔다. 1960년대 이후 관측된 실제 기온은 상승한 반면, 나무 나이테를 대리지표로 한 데이터는 기온하락을 보여주었는데 이를 고의로 누락시켰다는 것이다(김명심 박희제, 2011 : 164).

기후게이트가 관련 기후학자들이 개방성 부족과 학자로서의 불성실성을 보여주긴 하지만, 기후변화 위기가 과장되었다는 것을 보여주지는 않는다는 지적도 있다. 기후변화가 심각하다는 보고는 비단 IPCC나 이스트 앵글리아 대학 기후연구소(CRU)의 몇몇 기후학자의 견해가 아니라 기후학계의 일반적인 주장으로 비교적 객관적인 사실(fact)에 가깝기 때문이다. 과학기술철학자 슈라더-프레체트는 캘리포니아 대학의 오레스키즈(Naomi Oreskes)의 분석을 이용해 이점을 밝힌다. 오레스키즈는 1993년에서 2003년 사이에 발표된 과학정보연구소통계 논문 중에서 기후변화를 다룬 928개 논문들을 분석했다. 그것에 따르면, 기후변화를 명백히 거부한 논문은 하나도 없었고, 20퍼센트의 논문이 명백히, 그리고 50퍼센트의 논문이 기후변화를 사실상(implicitly) 인정했다. 그리고 나머지 15퍼센트는 기후를 분석하기 위한 다양한 방법들에 대한 것이었고, 10퍼센트는 기후의 역사적 기록들을 논의한 것이었으며, 나머지 5퍼센트도 기후변화를 완화하기 위한 과학적 전략을 논의한 것이었다는 점에서 명확히 기후변화를 인정한 것으로 보아야 한다는 것이다(Shrader-Frechette, 2011: 15).

또 기후변화는 인간과 무관하게 발생한 자연적인 현상이라고 보기도 어렵다. 연구결과에 따르면, BC 1만년부터 AD 1750년까지 대기의 이산화탄소 수준은 280ppm으로 고정되었던 것이 18세기 중반부터 증가하기 시작해 1959년 316ppm, 2009년 387ppm이 되었다. 이 시기는 인간이 화석연료를 본격적으로 사용한 시기와 일치한다는 사실은 기후변화와 산업화간의 필연적 관련을 부인하기 어렵게 만들기 때문에, 이를 거부하는 것은 열역학의 기본법칙을 거부하는 셈이라는 반론도 가능하다.

연구관찰이 쌓이면서 기후변화는 점차 단순한 가설 수준을 넘어 비교적 팩트에 가까운 지점으로 접근하고 있다. 이를 보여주는 것이 IPCC 2차 보고서와 4차 보고서의 차이이다. IPCC는 1995년 2차 평가보고서에서 "증거들을 균형 있게 고려할 때 지구 기후에 인간 활동이 미치는 눈에 띄는 경향이 있다"고 보고한 반면, 2007년 4차 평가보고서에서는 "20세기 중반 이후 관측된 지구 평균기온 상승은 인간에 의해 발생한 온실가스의 축적 때문일 가능성이 매우 크다"는 보다 '강한' 주장을 하고 있다(김명심 박희제, 2011: 160).

이제 적어도 주류 기후과학계에서는 기후변화가 진행 중이며 산업화가 그 주된 원인이라는 주장이 정설로 자리 잡아가고 있다. 여기서 우리는 그럼에도 불구하고 회의론이 왜 제기되고 있는가 하는 문제의 배경을 살펴볼 필요가 있다. 과학기술사회학자 박희제에 따르면, 그것은 첫째 기후과학, 더 나아가 환경과학의 위상, 둘째는 과학의 가치중립성에 대한 물음과 관련된다.

현재의 기후학은 대기-해양 대순환모델에 기초하고 있다. 이는 기본적으로 기상예측을 위한 기상학을 확대한 것으로 기상변화를 일으킬 수 있는 수많은 변인들을 이용한 수학적인 기후 변화 예측 모델을 만들고 이를 통해 미래의 기후변화를 예측한다. 그런데 지구의 기후를 결정하는 것으로 알려진 대기, 해양, 지표면, 극지방의 빙원, 지구 생물권 등 다섯 가지 구성요인들 간의 상호작용 메커니즘에 대한 과학적 지식이 부족하기 때문에 현재의 대기-해양 대순환모델은 이론에 근거한 예측보다는 모의실험을 통해 다양한 시나리오를 제시하는 데 그치고 있다(박희제, 2008: 194).

또한 대리지표(proxy indicator)의 사용도 문제가 된다. 지구의 온도를 측정한 역사가 매우 짧아 신뢰할만한 기록이 없기 때문에 기상학자들은 지구의 기온변화를 직접 측정하는 대신 오늘날 측정이 가능한 다른 대상들에 기온이 어떤 영향을 미쳤는지를 이용해 간접적으로 과거의 기온을 측정하는 대리지표를 이용한다. 예를 들어, 기후가 따뜻할 때는 나이테의 간격이 벌어진다는 사실을 이용해 오래된 나무의 나이테를 이용하거나 극지방의 얼음에 구멍을 뚫어 그곳에 나타난 층을 시간을 거슬러 거꾸로 세어나가면서 얼음 속에 들어있는 염분도와 산성도, 꽃가루 등을 분석해 온도를 간접 측정하는 것이다. 이런 대리지표의 이용으로 기후변화 측정값의 부정확성이나 기후변화 예측을 위한 수리적 모델에 포함된 변수들의 예측값 변화에 따라 기후변화와 관련된 서로 다른 시나리오들이 수없이 산출되는 문제점이 발생한다. 이런 점에서 기후학은 오랫동안 전통적인 물리학자나 수학자들로부터 온전한 과학(sound science)으로서의 지위를 인정받지 못해왔다. 이는 직접적인 관찰과 실험에 기초한 경성과학(hard science)이 아닌 연성과학(soft science)인 기후학의 한계를 여실히 드러낸다(박희제, 2008: 194-197).

또 하나 언급해야 할 것은 과학과 이해관계의 문제이다. 비판자들은 IPCC

는 지구온난화가 심각하며 인간에 의해 만들어졌음을 강조해야 하는 제도적인 이해관계를 갖고 있다고 주장한다. 즉 IPCC를 구성하는 기후과학자들은 기후변화의 파국적인 위협을 강조하고 그것이 자연적인 것이 아니라 인위적으로 만들어졌기 때문에 자신들이 과학적인 해결방안을 제안할 수 있음을 강조함으로써 대규모의 연구비가 지속적으로 이 분야의 기초연구로 쏟아지도록 해야 하는 이해관계를 갖기 때문에 이들의 연구결과 또한 신뢰하는 데 한계가 있다는 것이다(박희제, 2008: 202).

이런 점에서 우리는 이해관계로부터의 자유로운 과학은 가능한가, 즉 과학의 가치중립성이라는 고전적 물음에 직면한다. 이런 상태에서 우리는 과연 어떻게 의사결정할 것인가? 흥미로운 점은 논쟁의 지형이 바뀌었다는 것이다. 이제 기후과학의 주류는 기후변화를 주장하는 반면, 이를 회의적인 시선으로 바라보는 사람은 비주류로 산업계의 이익을 대변하는 사람으로 규정되고 있다(김명심 박희제, 2011: 193).[9]

2) 불확실성과 사전예방의 원칙

불확실성에 대처하는 한 가지 방식은 사전예방원칙(precautionary principle)을 적용하는 것이다. 사전예방원칙은 위험의 파급효과가 매우 높고 비가역적일 가능성이 있을 경우, 위험의 과학적 증거가 부족하더라도 선제적 예방조치를 취해야 한다는 것을 의미한다(김은성, 2011: 142).

사전예방원칙은 오늘날 유전자변형식품(GMO), 생명복제, 광우병 등 생명보건 분야, 그리고 기후변화, 원자력, 지구공학 등 환경 분야에서 중요원칙으로 등장해 1980년대부터는 주요 국제협약에서 채택되기 시작했다. 1992년 리우

9 기후변화가 사실이 아니라 해도 에너지 고갈에 대비하고 환경파괴를 방지하는 차원에서 화석연료 의존도를 줄여야 한다는 명분은 없어지지 않기 때문에 우리는 여전히 기후변화 방지를 위해 노력해야 한다고 보는 시각도 있다(윤경준, 2011:27).

선언에서는 "중대한 또는 회복 불가능한 피해의 위협이 있을 경우 과학적 불확실성이 환경악화를 방지하기 위한 비용-효과적인 조치를 지연시키는 구실로 이용되어서는 아니 된다"는 형태를 보이고 있다.

사전예방의 원칙은 현재 환경법에서 광범위하게 통용되는 기본원칙인 '예방의 원칙'(preventive principle)과도 구분된다. 예방의 원칙은 '확인된 위험'(danger)에 대한 것이지만, 사전예방원칙은 '잠재적 위험'(risk)에 대한 것이다. 과학기술의 발달로 확실하지는 않지만 잠재적인 위험, 가능성이 있는 위험이 등장하게 되고 이에 대한 대책이 필요해 사전예방원칙이 나왔다고 볼 수 있다.[10]

전통적인 위험정책은 위험에 대한 과학적인 증거가 확보될 때까지 안전하다는 가정에 기초한다. 따라서 위험에 대한 과학적 증거가 있을 경우에만 규제가 가능하다. 반면 사전예방원칙은 안전이 증명될 때까지는 위험하다는 가정을 가진다. 그러므로 이 원칙에서는 위험에 대한 과학적 증거가 충분하지 않더라도 선제적 대응이 가능하다. 위험의 잠재적 파급효과가 높고 비가역적일 경우에는 과학이 불확실성을 제거할 때까지 기다리는 것은 너무 늦다고 보기 때문이다. 전통적인 위험정책의 최종 목표는 위험의 최적화(optimization)로, 위험편익분석과 비용편익분석 같은 계량적인 방법을 활용하여 비용을 줄이고, 편익을 극대화하는 최적화된 지점에서 위험을 관리하려고 한다. 따라서 전통적인 위험정책은 어느 정도의 위험은 받아들이려는 경향을 갖는다. 반면 사전예방원칙은 이득보다는 위험에 초점을 맞추고, 위험의 최소화(minimization)를 추구한다(김은성, 2011: 143-144).

사전예방원칙은 잠재적 위험에 대한 선제적 대응을 가능하게 한다는 장점이 있지만, 이에 대한 비판도 적지 않다. 그 중 하나는 사전예방원칙이 기술혁신을 저해한다는 지적이다. 즉 사전예방원칙은 새로운 기술이나 제품이 인

10 박균성은 '사전예방의 원칙'을 '예방의 원칙'과 확연히 구분하기 위해 '사전배려의 원칙'이라고 부른다(박균성, 2008:146-149).

간이나 환경에 해를 끼치지 않는다는 데 과도한 입증책임을 부과한다는 것이다. 새로운 기술이 도입되었을 때, 이것이 장래 인간의 건강이나 환경에 해를 끼칠 가능성이 있다고 추측된다면 비록 이 기술이 장래 경제성장과 진보에 긍정적인 영향을 준다고 할지라도 사전에 차단해 버릴 수 있다. 가령 DDT 살충제의 경우 레이첼 카슨이 『침묵의 봄』에서 고발한 것처럼 생태계에 좋지 않은 영향을 미쳤지만, 동시에 말라리아로부터 인류를 구하는 데 적지 않은 공헌을 했는데, 사전예방의 원칙은 이런 긍정적 측면을 인정하는 데 인색하다(유네스코한국위원회, 2010: 83).

이와 관련해 저명한 비판사회학자인 기든스도 사전예방원칙은 리스크에만 관심을 두기 때문에 보수적인 대응이라고 본다. 그에 따르면, 사전예방원칙은 어떤 행위가 낳을 기회에는 관심이 없고 리스크에만 관심을 둘 뿐만 아니라, 여러 리스크들 중에서도 오직 일부 리스크에만, 그리고 최악의 시나리오에만 집중하는 경향이 있다. 그런데 기든스가 보기에 중요한 것은 리스크의 배제가 아니라 리스크와 기회의 균형에 있다. 이는 어떤 식의 대응(또는 무대응)도 리스크가 없을 수는 없기 때문이다(Giddens, 2008: 85-109).

이런 점에서 사전예방원칙은 좀 더 섬세하게 적용되어야 한다는 지적이 나오고 있다. 가령 사전예방원칙을 시행할 때 여러 증거를 고려해 범주를 나눠 적용하는 것이다. 재해의 가역성, 심각성, 미래세대에 대한 영향, 대안의 이용가능성, 잠재적 위험의 증거 정도, 불확실성의 수준 등을 나눠 분석한 후, 나중에 이를 종합적으로 고려하는 것이다(유네스코한국위원회, 2010: 87). 그리고 사전예방원칙의 적용방식은 단일한 형태가 될 수 없다고 보는 시각도 있다. 그래서 구체적 사례와 사회적, 환경적 맥락에 따라 다양한 형태로 적용되어야 한다는 지적이 나온다(김은성, 2011: 142). 그리고 여러 위험들 중에서 하나를 선택하는 것은 결국 당대의 사회적 가치가 개입된다는 것을 의미하기 때문에, 위험평가는 공론의 절차를 거쳐 당사자들 간에 합의할 수 있고 정당화할 수 있는 것이어야 한다는 주장도 나온다(김명식, 2012: 20-24).

4. 지구적 정의와 오염자 부담의 원칙

기후변화는 전 지구적인 환경문제로 개별국가가 아니라 모든 나라들이 노력할 때에만 대응이 가능하다. 이런 점에서 국제사회는 '공통적이지만 차별적인 책임'이란 대원칙에 합의해왔다. 모든 나라들의 감축 노력을 언급하면서, 선진국들의 더 크고 우선적인 감축노력을 촉구하고 있는 셈이다. 하지만 이 원칙에 대한 선진국과 미개발국의 해석은 다르다. 선진국의 경우 '공통적인' 책임에, 미개발국은 '차별적인' 책임에 초점을 맞추기 때문이다. 기후변화의 위기를 인정하고, 온실가스를 감축해야 한다는 대원칙에는 동의하면서도 각 개별국가의 실제 행동은 이와는 거리가 있다. 지구 차원의 환경보호보다는 자국의 경제발전에 더 관심이 있는 것이다.

선진국에게 더 큰 책임과 감축노력을 요구하는 것은 '역사적인 원리'와 관계가 깊다. 즉 역사적으로 살펴볼 때, 현재 기후위기는 화석연료의 사용에서 비롯된 것이고 그렇다면 화석연료를 많이 사용한 선진국이 응당 이에 대한 책임이 있다는 것이다. 이런 주장은 이른바 '오염자 부담의 원칙'(polluter pays principle: PPP)에 의해 정당화된다. 이것은 책임의 역사적 원리와 관련된 것으로 "네가 부셨으면, 네가 고쳐야 한다", "네가 버린 것은 네가 치워야 한다"는 뜻이다. 결자해지 차원에서 문제를 일으킨 사람이 문제를 해결하고, 다른 누군가에게 피해를 주었다면 피해를 보상해주어야 한다는 것은 어찌 보면 당연한 일이다(Gardiner, 2010a: 5).

1950년부터 1986년까지 탄소배출량을 측정한 결과 세계 인구의 5퍼센트인 미국이 탄소누적배출량의 30퍼센트를 배출한 반면, 세계 인구의 17퍼센트인 인도는 2퍼센트도 배출하지 않았다. 동일한 욕조를 사용하는 20명의 사람들이 사는 마을에서 한 사람은 하수구 구멍을 막게 될 머리카락을 30퍼센트 흘러 보냈고, 3명은 사실 전혀 머리카락을 전혀 흘려보내지 않았다고 가정해보자. 이런 상황이라면 하수관을 고치는 데 드는 비용을 누가 지불해야 할 것이냐는 누가 얼마만큼 머리카락을 배출했느냐에 달려 있을 것이다(Singer, 2003: 60-61).

하지만 이에 대해서도 반론이 없지 않다. 첫째 과거의 오염자들은 자신들의 방출이 좋지 않은 결과를 낳으리라는 사실을 몰랐으며, 따라서 이를 비난할 수도 책임을 물을 수도 없다는 것이다. 둘째 산업혁명기인 18세기 후반부터 인간에 의한 오염이 이루어졌는데, 오염자들 중 상당수는 이미 죽었다. 따라서 현재 선진국 국민들에게 자신들의 조상이 행한 잘못까지 보상하라고 요구하는 것은 지나치다는 것이다.[11]

첫째 반론, 즉 관련 사실을 몰랐다고 해서 책임이 없다는 반론은 성립하지 않는다는 비판이 있다. 우리가 "네가 부셨으면 네가 고쳐야 한다"고 할 때, 이것은 고의로 하지 않은 일에 대해서도 해당이 된다. 실제 우리는 우리 자신이 잘 모르는 상태에서 행한 행위에 대해서도 책임을 진다. 가령 잘못해서 옆집 유리창을 깼을 때, 그것이 의도된 것이든 그렇지 않든 간에 우리에게는 변상할 책임이 있다.

둘째 반론도 한계가 있다고 비판된다. 즉 조상이 범한 잘못에 대해서 후손들이 책임을 지는 것이 일반적이다. 왜냐하면 후손들은 선조들의 행위로 인해 이미 뭔가 혜택을 누렸기 때문이다. 이것은 일종의 '수혜자부담원칙'(beneficiary pays principle: BPP)이라고 할 수 있다. 또 상속권과 상속책임에 대한 우리의 관행도 그렇다. 만일 우리가 우리 선조가 진 채무에 책임이 없다면, 왜 선조들이 준 이득을 누릴 권리가 있겠는가? 이것을 거부한다면 조상들이 남겨준 국가의 인프라를 다 포기해야 할 것이다. 그리고 이런 책임은 개인이 아니라 국가 같은 집합적 실체가 져야 한다. 국가는 개인과 달리 오랜 시간에 걸쳐 존재한다. 물론 책임의 소재를 개인이 아닌 국가로 할 수 있느냐의 문제가 제기되기도 하지만, 책임의 과도한 개인주의는 문제가 있다. 개인주의자조차

11 두개의 반론 및 이에 대한 재반론은 가디너의 분석(2010a: 6-7)을 참고.

도 국가가 개인들을 대표하고, 개인들의 책임 중 상당부분을 국가가 진다는 것을 인정하기 때문이다.[12]

한편 '역사적' 원리 대신 '탈 역사적(ahistoric)' 원리를 적용하자는 제안도 있다. 탈 역사적 접근이란 시간의 평면을 잘라 그 상태에서 문제를 바라보는 시각이다. 그것은 과거의 기후변화를 일으킨 것은 무시하고, 대신 현재 시점에서 온실가스 배출 책임을 묻는 것이다. 즉 지금부터 새롭게 시작해 미래지향적으로 기준을 정하는 것이 더 바람직하다는 시각이다.

하지만 탈 역사적 원리를 적용한다하더라도 선진국들의 책임은 감면되지 않는다. 탈 역사적 접근에서는 과거의 공과를 다 무시하기 때문에, 모든 나라와 사람은 1인당 평등한 배출할당량을 갖는다. 이와 관련해 슈라더-프레체트는 윤리학의 어떤 원리를 적용한다하더라도 선진국은 우선적인 책임을 모면할 수 없다고 주장한다. 그녀에 따르면 이때 사용할 수 있는 윤리적 원리는 평등주의, 공리주의, 롤스의 원리이다(Shrader-Frechette, 2011: 11-13).

평등주의에서 온실가스 배출량은 마땅히 균평하게 배분되어야 한다. 아무리 평등주의 원리를 온건하게 적용한다할지라도 선진국들이 현재 온실가스를 불공평하게 많이 배출하는 것은 정당화될 수 없으며, 미국의 경우는 현재 배출량의 최소 75퍼센트를 줄여야 한다.

공리주의에서 기준점은 '최대다수의 최대행복'이다. 그런데 선진국은 세계 인구의 소수이지만 온실가스의 대부분을 방출했다. 화석연료 방출로 인한 이득은 선진국들이 누렸지 다수가 누린 것이 아니므로 공리의 원리에 어긋난다. 또 한계효용체감의 법칙에 의해 선진국 국민들이 누리는 효용은 떨어지기 때문에, 선진국 국민이 누리는 이득은 다수에게 끼치는 해악을 능가하지 못한다. 공리의 원리에서도 선진국은 온실가스 배출을 감소시킬 책임이 있는

12 조상들이 저지른 죄악에 대해 후손들이 갖는 역사적 책임과 관련해 유사한 논의가 샌델에 의해서도 행해졌다. 독일의 유대인 학살, 일본의 한국인 위안부, 호주의 원주민 학대 문제를 다루면서 샌델은 유사한 입장을 표명하고 있다(Sandel, 2010: 293-301).

것이다.

롤스에서 기준점은 최소수혜자의 이득이다. 즉 설사 차별을 인정한다하더라도, 그것은 어디까지나 최소수혜자에게 최대이득이 될 때에만 인정할 수 있다. 부자가 더 많은 재화를 갖고 더 오염배출을 하는 것이 정당화되려면, 그것이 부자 자신들에게 이득이 되는 것이 아니라 최소수혜자에게 이득이 되는 한에서 그러하다. 그런데 선진국들의 과다배출이 최소수혜자에게 도움이 된다고 볼 수는 없다.

그렇다면 이제 '앞으로의 방출'에 대해 논의해보자. 지금 시점에서 어떻게 할당할 것이 가장 공정한 것인가이다. 현재 이루어지는 논의는 대략 다음과 같다(Gardiner, 2010a: 9-12). 평등주의 입장에서 제기될 수 있는 첫 번째 안은 1인당 배출량을 균등하게 하는 것이다. 이것은 직관적으로 보았을 때는 나름대로 호소력이 있다. 다른 특별한 이유가 없다면 우리는 동등하게 배출할 권리가 있기 때문이다. 하지만 이것은 우리가 서로 다른 에너지 필요를 갖는다는 사실을 설명하지 못한다. 예를 들어 추운 캐나다 북부의 사람들은 남쪽 열대지방의 사람들보다 더 많은 연료를 필요로 한다. 이런 점에서 모든 나라가 똑같이 나누는 것은 진정한 의미의 평등이 아니다.

지난 2005년 시점에서 1인당 평균 탄소 배출량은 1.23M이다. 그런데 국가간 차이가 대단히 크다. 미국의 경우 5.32M, 영국 2.47M, 중국 1.16M. 인도 0.35M, 방글라데시 0.08M이다. 만일 현재 방출량을 이런 기준으로 10년 안에 20% 감축하려면 미국은 80%, 영국은 60%, 중국은 14% 감축해야 하는 반면 인도는 285%, 1250%를 늘릴 수 있다. 이것은 선진국 입장에서는 받아들이기 힘든 제안이다.[13]

이와 관련해 슈(Henry Shue)는 삶의 질을 고려해야 한다고 제안한다. 삶의 최

13 이런 맥락에서 탄소거래제가 제안된다. 탄소거래시장이 활성화될 경우 선진국들은 미개발국에게 탄소배출권을 사올 것이고, 선진국의 부를 부분적으로는 가난한 나라로 이전시키는 결과가 나올 것이다. 이것은 가난한 나라에 대한 보상이라는 점에서는 의미가 있을 것이라고 보는 입장도 있다(Singer, 2003: 77).

소한의 질을 위한, 또는 생존을 위한 방출권은 인간의 양도 불가능한 권리이기 때문에, 이런 방출은 보장되어야 한다. 생존을 위한 방출은 교환될 수도 없고, 또 미래세대를 위해서도 양보될 수 없다. 문제는 생존을 위한 방출이라는 개념이 대단히 애매하다는 점이다. 가령 부시는 "리오회담에서 미국인들의 생활방식은 협상 대상이 아니라"라고 했다. 삶의 질이라는 것은 사회적, 문화적 요인과 결부되어 있다는 점에서 이것은 사회학적, 철학적 논의를 요하는 부분이다.

다른 하나의 제안은 국가들끼리 경감 비용을 공평하게 나누는 것으로, 구체적으로는 탄소감축에 드는 한계비용을 균등화하자는 방안이다. 가령 20% 감축한다고 할 때, 모든 국가는 한계비용측면에서 동등한 부담을 진다. 그런데 이런 제안은 과거의 방출을 무시할 뿐만 아니라 그 결과도 과연 균등한 부담일까 하는 의심이 들게 한다. 여기서 20% 감축할 경우, 미국은 4.26M으로 인도는 0.28M로 감축하는 것이다. 현재 미국이 훨씬 더 잘 산다는 것을 감안한다면, 이것이 과연 공평한지 의심스럽다.

한편 싱어는 현재 1인당 사용량을 기준으로 하는 제안이 약점이 있다고 비판한다. 만일 1인당 사용량이 기준이 된다면, 인구증가를 막기 위한 조치를 취하도록 자극하는 동기가 없기 때문이다. 이런 문제를 극복하기 위해 싱어가 내세우는 대안은 1인당 할당량을 미래의 특정한 어떤 시점에서의 추정인구에 기반을 두어 설정하는 것이다. 이때 우리는 이미 유엔이 편찬한 향후 50년간의 인구 예상치를 사용할 수도 있을 것이다. 그럴 경우 만일 어떤 국가가 예상치보다 인구가 적다면 1인당 배출 할당량이 증가되는 보상을 받게 되고, 각 개별 국가들은 인구증가를 억제할 동기를 갖게 된다(Singer, 2003: 64, 73).

마지막으로 언급해야 할 것은 이른바 '개발 절박성'(development imperative)이다. 기든스에 따르면, 대부분의 가난한 나라에서 경제발전은 일종의 정언명법이다. 또 이들 나라들은 사실상 지구온난화에 기여한 바도 미미하다. 이 점을 감안한다면 그런 나라들은 설령 온실가스 배출이 늘어난다고 해도 앞으로 일정

기간 동안은 개발에 매진하는 것은 당연하다고 기든스는 본다. 그래서 그의 주장은 적어도 가난한 국가들이 일정한 경제적 수준에 도달할 때까지는 전 세계적으로 두 개의 트랙을 운행하자는 것이다(Giddens, 2008: 20, 99). 여기서 '일정한 경제적 수준'이라는 문구는 중요한 질문을 내포하고 있는데, 이 또한 심도 있는 철학적 논의를 필요로 한다.

5. 세대간 정의와 사회적 할인율

1) 세대간 정의

기후변화의 원인은 화석연료이다. 화석연료는 과거세대 및 현재세대가 사용한 것이나, 그로 인한 피해는 미래세대에게 집중된다. 이런 점에서 '세대 간의 정의', 또는 '미래세대에 대한 책임'의 문제가 제기된다.

미래세대를 배려할 의무 또는 책임이 있는가에 대해서는 1970년대에서 1980년대 중반까지 환경윤리학계에서 집중적인 논쟁이 있었다.[14] 이와 관련된 대부분의 논의들은 현학적이고 이론적인 논증으로 끝나 실천적인 의미가 큰 것 같지 않아 여기서 다루지는 않는다. 그리고 서양윤리의 전통에서 미래세대에 대한 책임을 확보하는 것을 그렇게 어려운 과제로만 볼 수는 없다. 서양윤리의 양대 전통인 공리주의와 의무론을 관통하는 것은 보편주의 원리이

---

14 논쟁 와중에 미래세대에 대한 의무가 없다는 다양한 주장들이 제기되었는데, 미래세대가 무엇을 원할지 알 수 없기 때문에 이에 대한 책임을 요구할 수 없다는 이른바 무지(ignorance)의 논증, 미래세대로 누가 실재할지는 아직 확정되지 않았기 때문에 권리와 책임 관계가 성립할 수 없다는 불확정성(contingency) 논증, 그리고 미래세대와 우리는 사는 시간 대(temporal location)도, 속한 도덕공동체(moral community)도 다르기 때문에 책임과 의무관계가 성립할 수 없다는 논증, 미래세대와 현세대 간에는 호혜성(reciprocity)이 성립하지 않기 때문에 미래세대에 대한 의무도 없다는 비호혜성 논증이 그것이다(Desjardins, 1999: 4장, 한면희, 2007: 5장).

기 때문이다. 나의 이익만을 생각해서는 안 되고 타인의 이익을 공평하게 생각해야 한다는 공리주의 원리나, 나의 인권뿐만 아니라 타인의 인권을 소중히 생각해야 한다는 의무론 또한 보편주의에 기초한 것이다. 그래서 서양윤리학계에서는 윤리학의 제 1원리로 보편주의 원리를 설정하기도 한다. 보편주의 원리는 내가 하기 싫은 일을 타인에게 하지 말라는 예수의 황금률 이래 서양윤리학의 중요한 기반으로 작용해 왔던 것이다.

현대의 유력한 윤리학자인 롤스(J. Rawls)는 이런 토대 위에서 '우리는 어떤 세대에 속해 있는지 모른다는 관점에서 정책결정을 해야 한다'고 하면서 세대간 형평성을 주장한 바 있다(Rawls, 1971: 24절, 44절). 다른 세대가 관련된 사안에서 오로지 자기 세대만의 이익을 추구하는 것은 공평하지 않다는 문제제기인 것이다. 또 독일의 사회철학자 하버마스(J. Habermas)는 후손들과 인류의 미래에 대해 걱정하지 않고 오직 자기 또는 자기세대의 이익만 생각하는 것은 바람직한 윤리적 삶의 태도가 아닐 것이라고 주장한 바 있다(Habermas, 1997: 271-272).

그런데 문제는 미래세대에 대한 책임을 인정한다고 해서, 미래세대를 위해 현세대의 이익을 무한정 포기해야 한다고 주장할 수 없다는 것이다. 즉 미래세대를 배려하는 것도 중요하지만, 우리에게는 미래세대에 대한 책임 이외의 다른 책임이 있고, 또 현세대도 인간다운 삶을 살 권리가 있기 때문이다.

이런 측면에서 기후변화에 대한 적극적 대응을 주장하는 것에 대한 반론이 제기된다. 가령 롬버그는 기후변화의 문제는 가난한 국가의 가난한 주민을 도울 것인가 아니면 더 부유해질 미래의 후손을 도울 것인가의 문제라고 주장한다. 롬보그는 현재 빈민들이 미래의 후손보다 더 가난하며, 또 그들을 돕는 것이 보다 쉽기(싸기) 때문에 현재의 빈민을 돕는 것이 우선적이라고 본다. 그에 따르면, 유럽연합에서 이산화탄소 배출량을 20퍼센트 감축하자고 했지만, 그 성과는 지구온난화를 고작 2년 늦추는 데 그친다. 반면 비용은 900억 달러가 든다. 반면 이것을 말라리아 퇴치를 위해 사용할 경우 30억 달러를 투자하면, 매년 2억 5천만 명이 감염되는 것을 막을 수 있고, 현 세기 동안 8억 5

천만 명의 인명을 구할 수 있다(Lomberg, 2008: 139).

효율성과 관련된 문제는 매우 복잡한 것이라 논외로 하자면, 롬보그의 주장은 잘못된 이분법에 기초한 것이라는 지적이 가능하다. 기후변화는 비단 미래세대뿐만 아니라 현세대, 그리고 자연과 동물에게도 심각한 피해를 준다. 기후변화가 미치는 피해는 롬보그가 말하는 현세대 빈민도 피할 수 없는 것이다. 즉 기후변화를 줄이기 위해 탄소 배출량을 경감하는 것이 일종의 보편적 책무라고 한다면, 또 현재의 빈민을 돕는 것은 일종의 특수한 책무에 해당한다. 그런데 우리에게는 현세대의 빈민뿐만 아니라 미래세대에 대한 책임도 있으며, 기후변화에 대한 적극적 대응은 이 두 책임 모두를 수행하는 것이다.

또한 미래세대가 우리보다 더 잘 산다는 보장도 없다. 가령 가디너에 따르면, 기후변화는 식량, 물, 질병, 지역경제에 심각한 영향을 미칠 것이기 때문에 미래의 사람들은 지금보다 더 가난한 삶을 살 수도 있다. 그리고 설사 미래세대가 더 잘 산다고 하더라도, 현재세대가 기후문제를 야기해 놓고 미래세대에게 알아서 하라고 할 수는 없는 것이다. 문제를 일으킨 사람이 문제를 해결하는 것이 이치에 맞기 때문이다(Gardiner, 2010a: 12).

2) 사회적 할인율

앞서 보았듯이, 우리에게는 미래세대에 대한 책임도 있지만, 동시에 인간다운 삶을 살 권리도 있다. 이 양자를 균형 있게 바라보는 것이 중요한데, 여기서 적정 사회적 할인율의 설정은 매우 중요한 과제이다.

'사회적 할인율'(social discount rate)은 우리가 공공정책을 결정할 때 정책 수행을 인해 발생하는 미래의 편익과 비용을 현재의 입장에서 할인하여 바라보는 것이다. 미래의 편익과 비용을 현재의 관점에서 평가해 할인하는 것은 일반적인 관행으로 10년 뒤의 이익보다 올해의 이익을 우선하는 것은 시간에 대한 선호도, 이자율, 기회비용 등을 고려하면 당연할지도 모른다. 하지만 할인의 관행은 미래세대에게는 부당한 것일 수 있다. 특히 할인율을 적용할 때의 문제는 시간이 경과함에 따라 할인되는 수치가 기하급수적으로 커진다는 것이다. 가령 2100년에 발생하는 1억 원의 비용을 2%로 할인하면 그것은 현재가치로 1700만원이 되고, 8%로 할인할 경우 현재가치로 10만원이 된다.

기후변화논쟁에서 사회적 할인율이 뜨거운 쟁점이 된 것은 2007년 〈기후변화의 경제학에 대한 스턴 보고서〉가 발표되면서 이다. 2005년 7월 당시 영국은 세계은행의 수석경제학자 출신 경제학자인 니콜라스 스턴(Nicholas Stern)에게 기후변화의 경제학에 관한 포괄적인 연구를 시행하도록 요청했다. 이에 스턴은 연구팀을 구성해 그 결과를 2006년 10월 이름으로 발표하였고, 2007년 캠브리지 대학교 출판부에서 출판되었다(김형진 황현준, 2009: 435).

스턴의 주장은 만일 우리가 조치를 취하지 않는다면 기후변화로 인한 비용과 위험은 전 세계에서 매년 GDP의 최소 5%의 손실을 유발한다는 것이다. 그리고 위험과 영향을 좀 넓게 고려한다면, 피해액은 GDP 20%나 그 이상으로 추산된다. 반면 기후변화로 인한 최악의 결과를 피하기 위해 온실가스 배출을 줄이는 데 드는 비용은 만일 우리가 이산화탄소의 수준을 500~550ppm으로 목표로 삼아 강력한 조치를 시행한다면, 매년 전 세계적으로 GDP 1% 정도 수준이다. 결론은 "초기의 강력한 행동을 통해 얻는 이득은 행동하지 않을 때 발생하는 경제적 비용보다 크다는 것이다"(Stern, 2007: vi-ix). 이것은 온실가스를 줄이기 위한 노력은 너무 값비싸서 경제발전에 위협이 된다는 일반적 통념과 정반대의 것이었다.

스턴에 대한 반론은 다양하다. 첫째 스턴의 보고서는 오로지 공리주의적 비용편익분석에 기초한 것으로 기후위기에 대한 대응의 적절한 출발점이 될 수 없다는 것, 둘째 죄 없고 가난한 그리고 미래세대에 미치는 해를 둘러싼 윤리적 논쟁을 외면하고 있다는 것, 셋째 현재의 경제체제가 생태계에 미치는 근본적인 변화에 대한 관심을 외면하고 있다는 것, 넷째 스턴의 경제학적 분

석 자체가 타당하지 않다는 것이다.[15]

여기서 필자가 주목하는 것은 네 번째 반론이다. 이와 관련해 우리는 노드하우스(William Nordhaus)의 반론을 살펴볼 필요가 있다. 노드하우스는 지구온난화에 대한 경제학적 연구를 수차례 수행한 학자로서 스턴의 연구 역시 이를 배경으로 하기 때문이다. 그런데 적정 사회적 할인율로 스턴은 1.4%를 도출한 반면, 노드하우스는 5.5%를 제안하고 있다. 이 차이는 대단한 것인데, 100년 뒤 4천억 달러의 편익이 예상되는 온실가스 저감사업이 있다고 할 때, 스턴 입장에서는 1000억 달러를 투자할 수 있는 반면, 노드하우스의 기준에서는 20억 달러 이상의 투자를 할 수기 때문이다. 스턴의 분석에 따라 1천억 달러를 투자하는 것은 노드하우스 입장에서는 현재의 980억 달러, 미래의 20조 달러를 낭비하는 것과 같다(허성욱, 2010: 516).

〈표 1〉 스턴과 노드하우스 비교

	Stern	Nordhaus
할인율	1.4	5.5
순수시간선호율	0.1	1.5
소득의 한계효용탄력성	1.0	2.0
1인당 소비증가율	1.3	2.0
100년 뒤 4000억에 대한 현재지출비용	1000억	20억

흥미로운 점은 스턴이나 노드하우스는 프랭크 램지(Frank Ramey)의 공식을 공통적으로 사용하고 있다는 점이다. 램지에 따르면, 사회적 할인율(r)은 순수시간선호율(δ), 소득의 한계효용탄력성(η), 소비증가율(g)등 세 가지 요인의 다음과 같은 조합으로 구성된다.[16]

15 스턴에 대한 다양한 반론에 대해서는 Hoffmann(2011: 68-82) 참고.

16 이후 스턴과 노드하우스 비교는 김형진 황현준(2009: 442-445)의 분석을 따랐다.

$$r = \delta + (\eta \times g)$$

'순수시간선호율'이란 미래의 가치를 현재의 가치에 비해 얼마나 선호하는지에 관한 계수로서, 미래가치를 중시할수록 순수한 시간선호율은 0에 가까워지며, 현재가치를 중시할수록 순수한 시간선호율은 높아진다. 소득의 한계효용탄력성(Income Elasticity of marginal utility)이란 소득이 증가함에 따라 한 단위의 추가소득으로부터 비롯되는 효용의 변화율을 측정한 것이다. 이는 소득이 증가하여 소비의 양이 증가할수록 추가적인 소비로부터 느끼는 만족도가 감소한다는 한계효용체감의 법칙이 작동하는 현상을 반영한다. 1인당 소비증가율이란 경제성장에 따른 소득 및 소비의 증가율을 의미하는 것으로 각국의 경제성장 속도에 따라 수치는 다르지만, 영국의 경우 최근 2.0%로 보는 것이 일반적이었다.

스턴의 경우는 순수 시간선호율을 0.1%, 소득의 한계효용탄력성을 1%, 1인당 소비증가율을 1.3%로 본 반면, 노드하우스는 각각 1.5%, 2%, 2%로 보았다. 그 결과 그들의 결론은 다음과 같은 상이한 사회적 할인율을 낳았던 것이다.

스턴: 0.1 + (1×1.3) = 1.4
노드하우스: 1.5+ (2×2)= 5.5

일단 여기서는 소득의 한계효용탄력성과 소비증가율에 대한 논의는 유보하고, 순수시간선호율에 한정하고자 한다. 노드하우스는 스턴이 설정한 0.1%의 할인율은 근본주의윤리학 외에는 받아들일 수 없으며, 현재의 시장 상황과 부합하는 가정이 아니라고 비판한다. 스턴은 모든 세대를 평등하게 취급해야 한다는 관념적인 철학원칙에 사로잡혀 실제로 존재하는 현상 선호의 성향을 무시하는 오류를 범했다고 그는 본 것이다. '윤리주의자'와 '실증주의자'의 논쟁이라고 부르면서 노드하우스는 미래세대의 복지와 우리세대의 복지를 균등하게 대우해야 한다는 스턴의 주장은 하나의 윤리적 원리로, 이것이

다른 윤리적 원리보다 더 낫다는 것은 증명되지 않았다고 비판한다.[17]

반면 스턴은 노드하우스의 주장과 같이 순수시간선호율이 1.5%나 2%로 볼 윤리적 근거도 없다고 반박한다. 기후변화와 같이 세대 간에 발생하는 문제에서 순수시간선호율의 문제는 출생일에 의한 윤리적 차별의 문제가 될 수 있다. 순수시간선호율을 2%로 볼 경우, 1972년에 태어난 사람은 2007년에 태어난 사람보다 2배의 윤리적 가치를 갖는다고 인정하는 셈이 되기 때문이다 (김형진 황현준, 2009: 448).

이 논쟁을 통해 우리는 공공정책에서 사회적 할인율의 문제가 순수하게 경제학적 문제가 아니며 고도로 윤리학적인 문제라는 점을 인식하게 된다. 이런 점에서 의사결정과정에 어떤 식으로든 윤리학자의 참여가 필수적임을 알 수 있다. 동시에 이것은 사회철학 정치철학의 문제이다. 즉 정부의 입장에서는 현실에 존재하는 시장이자율과 일반인들의 선호도를 무시할 수도 없고, 동시에 세대간 형평과 같은 규범적 문제를 무시할 수도 없는 딜레마가 발생하는 것이다. 이것은 정부의 역할과 관련한 사회철학적 논의를 동반할 수밖에 없다.

6. 결론

기후변화는 과학기술의 문제를 넘어 가치판단의 문제, 윤리학의 문제임이 분명하다.[18] 여기서는 기후윤리의 선구자, 가디너의 분석을 따라 결론을 대

17 Nordhaus(2007), 여기서는 김형진 황현준(2009: 446-7) 참고.

18 여기서 다루지는 않았지만, 온실가스 감축에 초점을 맞출 것인가 아니면 이를 피할 수 없는 사실로 간주하고 적응에 초점을 맞출 것인가 하는 이른바 완화(mitigation) 대 적응(adaptation)의 문제, 온실가스를 포집 저장하는 지구공학(geoengineering)의 문제, 기후변화가 다른 종에 미치는 종간 정의(inter-species justice)와 생물다양성의 문제 역시 중요한 윤리적 논쟁을 야기하고 있다는 점을 부언한다.

신하고자 한다. 가디너는 기후변화의 문제를 '완벽한 도덕적 폭풍'(perfect moral storm)에 비유한다. 그에 따르면, 기후변화는 불확실성, 지구적 정의, 세대간 정의라는 문제가 얽히고 설켜, 이에 대한 대응을 매우 어렵게 하는 도덕적 난제 중의 난제이다. 이 난제는 상호 독립적으로 존재하는 부정적 요소들이 보기 드물게 결합하여, 매우 부정적인 결과를 낳는다(Gardiner, 2010b: 88).

기후변화문제의 어려움은 원인과 결과의 분산, 행위자의 파편성과 깊이 관련된다. 기후변화의 발생 원인을 어느 한 지역, 어느 한 시점으로 국한시킬 수 없다. 또한 기후변화가 미치는 영향 또한 어느 지역, 어느 시점에 국한되지 않은 지구적인 현상이다. 지구표면의 어느 지역에서 온실가스를 방출하면 그것은 대기로 들어가, 지구 전역에 지속적으로 영향을 미치기 때문이다. 또 기후변화를 일으킨 행위자도 특정 개인과 특정 국가에 귀속시키긴 어렵다. 기후변화는 단일 행위자가 일으킨 것이 아니라 엄청난 다수의 개인들, 복잡한 구조가 영향을 미친 것이기 때문이다(Gardiner, 2010b: 89-91).

불확실성도 문제를 어렵게 하는 요인이다. 기후변화의 원인과 결과, 특히 지구적 수준뿐만 아니라 개별 국가적 수준에서 기후변화가 야기하는 효과를 예측하기 어렵다. 더욱이 앞서 본 것처럼 국가간 정의, 세대간 정의에서도 어떤 것이 바람직한 것인지 이론적인 차원의 불확실성도 존재한다. 여기에 덧붙여야 할 것은 '제도의 불충분성'이다. 기후변화에 대한 대응은 개별국가 차원의 노력만으로는 효과가 없다. 현재 세계정부도, 그리고 중심적인 지구 거브넌스 체제도 없기 때문에 이는 결국 '죄수의 딜레마' 같은 상황을 만든다. 즉 모두가 협력해서 기후변화를 막는 것이 집합적으로는 합리적이겠지만, 개별적으로는 이로 인해 자신의 행위를 제한하지 않은 것이 합리적일 수 있기 때문이다(Gardiner, 2010b: 92). 이는 기후관련 회의에서 자국의 이익을 추구하는 개별국가들의 모습에서 확인되는 사실이기도 하다.

문제를 더욱 어렵게 하는 것은 기후변화의 근원이 현재 우리문명의 구조와 깊게 연관되어 있다는 점이다. 즉 현재의 기후변화는 화석연료와 관련되는

데, 화석에너지는 현재의 경제체제와 문명을 뒷받침해주는 핵심기반이고, 결국 화석연료 사용을 제한한다는 것은 우리가 현재 누리는 문명의 상당 부분을 포기해야 한다는 것을 의미할 수 있다.

이런 이유로 인해 많은 사람들은 불확실성에 직면해 상황을 자기에게 유리하게 해석하려는 경향이 있다. 상황이 불확실하고 명확하지 않기 때문에, 이에 대해 대응하지 않거나 대응을 연기하는 것이 그것이다. 이런 점에서 가디너는 세 차원의 '도덕적 폭풍'이 '도덕적 타락'(moral corruption)을 결과하고 있다고 분석한다. 현재 우리에게 보이는 기후변화에 대한 무관심, 자기위안, 비합리적 의심, 선별적인 관심, 은폐, 영합, 잘못된 증거채택, 위선의 모습은 결국 도덕적 타락으로 설명할 수밖에 없다(Gardiner, 2010b: 94-95).

이런 점에서 기후변화에 대한 윤리적 접근은 아무리 강조해도 지나침이 없다. 기후변화에 대한 대응노력은 우리가 어떤 사람이고, 어떤 것을 원해야 하는가 하는 윤리적인 물음과 관련된다. 우리는 낙관주의와 비관주의를 넘어야 한다. 불확실성을 최소화하는 한편 불확실한 상황에서 책임 있는 결정이 어떤 것인가 성찰해야 한다. 그것은 세대간 정의, 국가간 정의에서 윤리적으로 보다 전향적인 입장을 취하는 한편, 제도적 불충분성을 해소하기 위한 국제적 협력 방안을 강구하는 것일 것이다.

참고문헌

권원태(2005).「기후변화의 현황과 전망」,『국토』, 281집.

권원태(2011).「한반도를 중심으로 한 기후변화의 이해와 예측」,『한국육종학회지』 43권 별책 1호.

김명식(2012).「원자력과 숙의민주주의」,『환경철학』13집, 한국환경철학회.

김명심 박희제(2011),「기후게이트와 기후과학논쟁」,『Eco』 15권 1호.

김은성(2011),「사전예방원칙의정책유형과 사회문화적 맥락에 대한 고찰」,『한국행정학보』 제 45권 제1호.

김형진, 황형준(2009).「영국의 기후변화법과 스턴 보고서」, 고학수 허성욱 편,『경제적 효율성과 법의 지배』, 박영사.

박희제(2008),「기후변화논쟁을 통해 본 환경과학의 역할과 성격」,『Eco』 12권 1호.

변순용(2010),「기후변화에 대응하는 과학기술의 책임과 기후변화윤리」,『한국철학논집』 28집.

양해림(2009),「기후변화와 책임의 윤리」,『환경철학』 7집, 한국환경철학회.

유네스코한국위원회(2010).『유네스코 기후변화윤리선언 필요성과 예상주요쟁점-유네스코 기후변화 윤리선언 제정 대비 국내연구』, 유네스코한국위원회.

윤경준(2011).「기후변화와 적응정책」, 한국정책학회,『The KAPS』 25권.

윤순진(2009).「기후변화 파급효과와 윤리: 기후정의의 관점으로 접근하기」, 유네스코 한국위원회,『기후변화와 윤리: 기후변화가 왜 윤리적 문제인가』.

이경미, 백희정, 조천호, 권원태(2011),「한국의 최근 10년의 기온과 강수변화」,『국토지리학회지』, 제 45권 2호.

정대연(2011),「한국 기후변화정책의 효과분석」,『환경영향평가』, 20권 5호.

최용상(2011),「기후는 이산화탄소 증가에 얼마나 민감한가」, *Jour, Korean Earth Science Society*, v 32 no 2, 239-247.

한면희(2007),『미래세대와 생태윤리』, 철학과 현실사.

허성욱(2010),「기후변화대응규제법제의 설계와 사회적 할인율 논쟁」,『환경법연구』 32권 1호.

Brown, Donald(2009).「코펜하겐 협상대비를 위해 필요한 기후변화체제의 윤리적 측면」, 유네스코 한국위원회,『기후변화와 윤리: 기후변화가 왜 윤리적 문제인가』.

COMEST(2009). On The Ethical Implications of Global Climate Change, http://www.unesco.or.kr/front/data_center/data_center_01_view.asp?articleid=417&page=1&cate=&SearchItem=All&SearchStr=comest.

De-Shalit, Avner(1995). *Why Posterity Matters*, Routledge.

DesJardins, Joseph, 김명식 역(1999). 『환경윤리』, 자작나무.

Gardiner, Stephen M.(2004). "Ethics and Climate Change", *Ethics* 114.

Gardiner, Stephen M.(2010a). "Ethics and Climate Change: An Introduction" in http://www.phil.washington.edu/POV/GardinerFormalPublicationList.htm .

Gardiner, Stephen M.(2010b). "A Perfect Moral Storm: Climate Change, Intergenerational Ethics, the Problem of Corruption" in Gardiner(ed), *Climate Ethics,* Oxford University Press.

Giddens, Anthony, 홍욱희 역(2010). 『기후변화의 정치학』, 에코리브르.

Habermas, Jürgen, 이진우 역(1997). 『담론윤리의 해명』, 문예출판사.

Heller, Peter, S. 최경규 역(2006). 『누가 지불할 것인가』, 서울시정개발연구원.

Hoffmann, Michel H. G.(2011). Climate Ethics: Structuring Deliberation by Means of Logical Argument Mapping, *Journal of Speculative Philosophy*, vol 25, No 1.

Kamminga, Menno R(2008). The Ethics of Climate Politics: Four Modes of Moral Discourse, *Environmental Politics*, vol 17, No 4.

Lomborg, Bjorn, 김기응 역(2008). 『쿨잇』, 살림.

Nordhaus, William(2007). "A Review of the Stern Report on the Economics of Climate Change", *Journal of Economic Literature* 45.

Rawls, John(1971). *A Theory of Justice,* Harvard University Press.

Sandel, Michael, 이창신 역(2010). 『정의란 무엇인가』, 김영사.

Shrader-Frechette, Kristin(2011). *What Will Work: Fighting Climate Change with Renewable Energy, Not Nuclear Power*, Oxford University Press.

Singer, Peter, 김희정 역(2003). 『세계화의 윤리』, 아카넷.

Stern, Nicholas(2007). *The Stern Review : The Economics of Climate Change*, http://mudancasclimaticas.cptec.inpe.br/~rmclima/pdfs/destaques/sternreview_report_complete.pdf

POST 2020 체제 현황과 전망

- 20차 리마총회 논의와 한국 2030 온실가스 감축 목표량을 중심으로 -

이유진(녹색당, 공동운영위원장)

1. 들어가는 말
2. 기후변화는 에너지 문제
3. 기후변화회의 - 욕망과 성장을 제어해야 하는 회의
4. 2℃ 목표 인류에게 남은 한도 배출허용한도 1000Gt
5. 온실가스 감축량을 국가별로 공정하게 나눌 수 있을까
6. 남미민중의 목소리, "자연에 대한 수탈을 멈춰라!"
7. 온실가스 감축 때문에 숲에서 쫓겨나는 원주민들
8. 국가가 아닌 지구의 관점으로, 녹색당의 정치
9. 한국정부의 황당한 "온실가스 감축 목표량" 발표
10. 정부, 핵발전을 강력한 기후변화 대안으로 제시
11. 한국정부 BAU대비 37% 감축 확정, 해외 감축분 대거 반영
12. 파국으로 치닫는 한국사회와 지구의 미래

‖ 21세기 글로벌 기후변화와 윤리적 정의(Justice) ‖ **04**

POST 2020 체제 현황과 전망[1]

- 20차 리마총회 논의와 한국 2030 온실가스 감축 목표량을 중심으로 -

이유진(녹색당, 공동운영위원장)

1. 들어가는 말

지난 2014년 2월 경주 마우나오션 리조트 지붕이 폭설로 무너져 10명이 사망하는 사고가 발생했다. 사건이 발생하자 늘 그랬듯이, '안전 불감' 사회에 대한 비판이 이어졌고, 리조트 담당자와 건축허가관련 공무원들이 줄줄이 조사를 받았다. 그러나 이 사건은 부실공사 탓도 있지만, 기후변화에 대한 적응정책을 잘 세우지 못한 원인도 있다. 사고가 난 곳이 강원도였다면 달랐을 수도 있다. 경주는 눈이 거의 내리지 않는 곳이다 보니 시민들과 공무원의 '폭설'에

1 이 글은 녹색평론 통권 141호(2015년 3~4월호)에 실린 "탐욕의 협상 1.5도 마지노선"에 실린 20차 페루 flak 기후변화협약 당사국 총회 방문기에 2015년 한국정부가 UN에 제출한 2030온실가스 감축 목표 설정에 대한 내용을 추가해 재구성한 것임.

대한 경험과 지식이 부족했고, 눈 무게 때문에 건물 지붕이 무너질 것이라 미처 생각하지 못했을 수도 있다. 기후변화가 심해지면 이처럼 지금껏 경험해 보지 못한 극단적인 기상현상을 겪게 되고, 그로 인해 인명과 재산상의 피해가 점점 더 커지게 된다.

2. 기후변화는 에너지 문제

지난 130여 년 동안 지구 평균온도가 0.85℃ 가량 올랐다. 0.85℃의 지구온도 상승에 북극의 절반이 녹아 버렸다. 폭설, 폭염, 가뭄, 홍수, 슈퍼태풍 등 이상기후가 지구촌을 강타하고 있다. 2015년 6월 인도에서는 50℃에 육박하는 폭염 때문에 무려 2,200여 명이 사망했다. 날아가던 새가 더위에 죽어 땅으로 떨어지는 일이 생길 정도라고 한다. 기후변화는 이미 농업, 어업, 산업을 비롯해 우리의 일상생활에도 영향을 미치고 있다. 한국도 아열대화가 진행되면서 여름이 고온다습해지고, 비가 우기처럼 내리는 일이 벌어지고 있다.

기후변화 강의를 할 때, 마차에 짐을 너무 많이 실어서 당나귀가 공중에 붕 뜬 사진을 사용한다. 당나귀가 감당할 수 있는 한계용량을 넘어선 것이다. 마찬가지로 대기 중에 온실가스 배출량이 많아지면서 지구 평균온도가 올라가고 있다. 이대로라면 2100년 지구온도는 최고 4도 상승해 대규모 생물멸종사태, 기상이변, 식량위기가 닥친다. 인간이 살수 없는 지구가 되는 것이다. 당나귀를 땅으로 내리려면 짐을 덜어줘야 하듯이, 지구온도 상승을 늦추려면 온실가스 배출을 줄여야 한다. 온실가스의 80% 가까이가 이산화탄소이다. 이산화탄소는 석유, 석탄, 가스와 같은 화석연료를 태울 때 주로 발생하기 때문에, 화석연료 소비를 줄이는 것이 기후변화 대응의 핵심이다. 기후변화는 에너지문제인 것이다.

온실가스 감축은 전 지구적인 문제이기 때문에 1995년부터 국제사회는 기후변화협약을 맺고 매년 회의를 열고 있다. 기후변화협약의 핵심은 온실가스를 누가 얼마나 줄일 것인가에 대한 것이다. 지난 1997년 교토의정서에 의해 기후변화의 역사적 책임이 큰 선진국들이 먼저 줄이기로 했다. 그러나 전세계 배출량의 절반을 배출하는 중국과 미국은 빠져있다. 한국의 온실가스 배출량도 세계 7위로 높은 편인데, 그때 당시 한국은 개발도상국 지위를 호소해서 의무감축국가에서 빠졌다.

교토의정서 1차 감축기간은 2008~2012년이었는데, 그 이후를 어떻게 할 것인가를 두고 2009년 코펜하겐회의(COP15)에서 논의했지만, 아무런 결론이 안 났다. 더구나 미국과 중국같이 의무감축에서 빠지는 나라들이 많아 논란이 일어났고, 그렇게 등장한 것이 신기후체제이다. 지난 2014년 페루 리마에서 열린 20차 기후변화협약당사국 총회에서 선진국과 개도국이 예외 없이 모두가 온실가스를 줄이는 신기후체제를 2020년부터 시작하기로 했다. 그리고 각국이 온실가스를 얼마나 줄일지에 대해 2015년까지 결정하기로 했다.

3. 기후변화회의 - 욕망과 성장을 제어해야 하는 회의

페루 리마에서 열린 20차 총회는 2015년에 결정해야 할 신기후체제에서 어떤 합의를 해야 하는 지를 논의하는 자리였다. 회의 흐름은 20년째 반복된다. 크게 선진국과 개도국으로 나눠져 기후변화 책임 공방을 벌이는 것이다. 감축량을 더 많이 받아가려는 국가는 없다. 기후변화협상은 단순히 온실가스를 줄이는 협상이 아니다. 지난 200년 동안 화석연료에 기반을 둔 세계경제를 근본적으로 전환해야 해결되는 문제이다. 욕망과 성장의 크기를 줄여야 하는데, 인류가 지금껏 스스로는 한 번도 해보지 못한 결정이다.

화석연료에 기반을 둔 세계경제의 불평등 구조에 대한 이야기가 나오는 것은 당연하다. 기후변화는 인류공동의 과제이지만, 선진국이 지금껏 온실가스를 배출한 것에 대한 역사적 책임을 져야 한다는 것이고, 이것은 기후변화협약의 중요 원칙인 공동의 차별화된 책임(Common But Differentiated Responsibilities : CBDR) 원칙으로 합의되었다. 그런데 중국이 세계최대 온실가스 배출국가가 되면서 미국을 중심으로 중국과 인도, 한국과 같은 주요경제국들도 감축해야 한다는 주장이 제기되었고, 오랜 논의 끝에 2020년부터 예외 없이 모두가 감축에 참여하는 것으로 합의했다. 문제는 여전히 누가 얼마나 어떻게 줄이는가이다. 미국과 아프리카 수단의 감축량이 같을 수는 없기 때문이다.

기후변화 대응 목표는 2009년 코펜하겐 총회(COP15)에서 정해졌다. 바로 '산업화 이전 대비 지구온도 상승을 2℃ 이내로 제어'하는 것이다. 이는 대기 중 이산화탄소 농도를 450~480ppm 수준으로 안정화시키는 것을 의미한다. 그때도 투발루를 비롯한 남태평양 섬나라 국가들은 해수면 상승으로 지금도 감당할 수 없을 정도의 고통을 받고 있기에 1.5℃로 목표를 상향 조정해야 한다고 주장했지만, 받아들여지지 않았다.

4. 2℃ 목표 인류에게 남은 한도 배출허용한도 1000Gt

그럼 얼마나 줄여야 하는 걸까? 기후변화에 관한 정부간협의체(IPCC) 제5차 보고서는 탄소예산 방식을 제시했다. 기후변화의 파국을 막기 위한(2℃ 이내 목표달성) 배출허용총량은 온실가스 2900Gt(기가톤)인데, 우리는 이미 1900Gt

을 배출해 버렸다. 따라서 1000Gt이 인류에게 남는 한도이다. 지금과 같은 배출 추세를 유지할 경우 이 수치는 2040년 11월 25일에 도달하게 된다. 그 안에서 196여개 국가가 배출한도를 나눠야 하고, 글로벌 배출허용총량을 초과하지 않도록 노력해야 하는 것이다. 이는 2050년까지 온실가스 배출량을 2010년 대비 40~70%까지 줄여야 하며, 2080~2100년에는 무배출 상태에 근접해야 한다는 것을 의미한다. 땅속에 묻혀 있는 대부분의 화석연료는 땅속에 그대로 보관해야 한다는 얘기다.

5. 온실가스 감축량을 국가별로 공정하게 나눌 수 있을까

그렇다면 신기후체제에서 온실가스 감축방식은 어떻게 논의되고 있을까? 교토의정서가 전 세계 감축총량을 결정하고, 각국의 책임과 역량에 맞게 할당하는 방식이었다면, 신기후체제는 각국이 자발적으로 결정한 기여방안(Intended Nationally Determined Contributions : INDCs)을 유엔에 제출하는 방식이다. 간단히 말해서 각국이 자신들이 얼마를 줄일지를 스스로 결정해서 써내는 것이다. 의무감축 방식인 교토의정서가 실패했으니 개별 국가의 자발성에 맡기는 방식으로 전환한 것이다. 말이 좋아 자발적 기여이지 이런 방식으로 2℃ 목표를 달성하는 것은 불가능하다.

어쨌든 각국은 3월말까지 준비한 자발적기여(INDCs)방안을 유엔에 제출해야 한다. 기후변화협약사무국은 각국이 제출한 감축 총량을 분석해서 '2도 이내' 목표달성 여부에 대한 보고서를 11월1일까지 작성하기로 했다. 여기에도 눈치작전이 벌어진다. 다른 나라가 제출한 감축량을 보고 수위를 조절해서 자발적기여(INDCs) 방안을 조금이라도 늦게 제출하는 것이다.

감축 목표량을 제출하는 방식은 현재보다 높게 설정(후퇴금지의 원칙)하되, 감축량 기준연도와 계산법, 감축계획 시간표에 대한 내용을 제출하기로 했을 뿐 내용은 각국 재량에 맡겼다. 다만 각국의 감축목표가 형평성에 부합하고 야심찬 수준임을 근거를 들어 설명해야 한다. 이렇게 자발성에 기초할 경우 각국의 기여방안을 더한 총합이 파국을 피하기 위한 '2도 이내' 목표를 달성하기 어렵다. 더불어 감축에 관한 명확한 가이드라인이 제시되지 않았기에 느슨한 목표치가 나오더라도 강제할 수 없다. 한 달이라는 짧은 기간에 사무국에서 보고서를 제때 작성할 수 있을지, 목표를 달성하지 못했을 때 각국의 목표치를 조정할지, 한다면 어떻게 조정할지 모든 것이 안갯속이다.

6. 남미민중의 목소리, "자연에 대한 수탈을 멈춰라!"

지난 2014년 12월 10일, 리마 시내가 들썩 거렸다. 전세계 민중들이 참여하는 기후변화 국제 공동행동의 날 행진이 시작되었다. 엑스포지션 광장에서 출발해 페루 해방자의 이름을 딴 산 마르틴 광장까지 15,000여 명이 넘는 시민들이 참여했다. 볼리비아, 브라질, 파라과이, 칠레 등 남미 전역에서 참여했고, 원주민들도 많이 왔다. "석유를 제발 그대로 땅속에 두어라"라는 피켓을 들고, 온 몸에 붉은 피와 검은 석유를 칠한 채 행진하는 이들, 숲에서 원주민을 쫓아내서는 안 된다며 사냥모습 그대로 행진하는 이들도 있다. 남미에서도 이상기후가 심해지면서 빙하가 녹아내리고, 가뭄이 극심해 졌다. 원주민과 농민들이 큰 피해를 입고 있어, 이들에게 기후변화는 생존의 문제이다.

쏟아지는 집회 참여자의 행렬과 그들의 메시지를 읽으면서 눈물이 흘렀다. "아. 오늘 집회 참여하려고 얼마나 애썼을까? 교통비도 엄청 많이 들었을 텐

데…돈은 어떻게 마련했을까…", "행진 목소리가 UN회의장에 전달될까? UN회의장을 포위하고 행진하면 안 되나?" 이 소중한 목소리들이 묻히는 게 속상하고, 집회비용 걱정하는 내가 우습기도 했다. 원주민들의 얼굴에 밀양과 청도 할머니들 얼굴이 겹쳐져 생각났다. 그 먼 길을 아픈 허리를 두드리며, 버스를 타고 와서 서울집회를 끝내고 내려가는 뒷모습이 떠올랐다. 왜 이렇게 빼앗기기만 할까?

남미는 자원이 풍부해서 아픈 곳이다. 열대림파괴, 광산개발, 댐, 토지개발이 거세게 진행되고 있고, 그 속에서 생명과 삶의 터전을 잃어가는 사람들이 많다. 〈글로벌 위트니스〉가 발간한 보고서를 보면, 지난 10년 동안 환경운동가 908명이 살해되었는데, 절반이상이 중남미의 활동가들이었다. 브라질 448명, 온두라스 109명, 페루 58명 등. 대부분 토지 강탈, 광산 채굴, 목재 수출에 반대하거나 야생생물보호 활동을 하다가 개발업자들에게 살해당한 것이다. 그리고 개발의 결과물은 선진국으로 수출된다. 선진국이 탐욕적인 자원소비를 멈추거나 줄이지 않는 한 남미의 피눈물은 계속될 것이다. 작렬하는 태양 아래 계속되는 집회행렬을 보면서 UN회의장에서 협상이나 하고 있을 각국 대표들이 얼마나 한가로운 짓을 하고 있는지, 분노가 일었다.

7. 온실가스 감축 때문에 숲에서 쫓겨나는 원주민들

집회참여자들 중에는 유난히 아마존에서 온 사람들, 그리고 'REDD'(개발도상국의 삼림 감소와 파괴 방지를 통한 온실가스의 감축)에 반대한다는 구호를 외치는 이들이 많았다. 세계 온실가스 배출량의 약 20%가 산림전용과 황폐화로 발생한다. 전 지구의 교통 운송수단에서 화석연료를 태워서 배출되는 양보다 더 많다. 아마존 열대밀림은 막대한 양의 탄소를 저장하고 있는데, 개발을 하면 그만큼 대기중에 배출되는 온실가스가 많아진다. 그러나 열대밀림 개발을 통해 원목을 수출하는 것이 주요 경제수단인 곳에서는 개발을 멈출 수도 없는 처지이다. 이에 열대밀림을 가진 국가에서는 숲을 보호하는 것에 따른 경제적 보상을 요구해 왔다. 그렇게 마련된 제도가 REDD이다. 이 방식은 산림이 흡수한 이산화탄소 총량을 계산해 흡수한 만큼을 배출권거래제를 통해 판매할 수 있게 해 준다. 전통적인 산림을 대상으로 하던 REDD는 플랜테이션까지 대상으로 하는 REDD+, 산림이 아닌 일반 토지의 조림까지 포함하는 REDD++로 확대되었다.

아마존환경연구소는 REDD 시스템이 아마존 원주민들의 생존권을 침해하고 있다고 주장한다. 숲을 보호한다는 명목 아래 숲에 의존하여 살고 있는 토착민의 권리를 제한하고, 심지어는 숲에서 쫓아내는 일이 발생하고 있다는 것이다. 우간다에서도 네덜란드의 FACE 재단이 나무심기 프로젝트를 하고, 그 일대를 국립공원으로 지정하면서 숲에 의존해서 살고 있는 지역주민 50여 명을 사살하는 일이 발생했다. 원주민들이 나무를 사용하지 못하도록 감시하다가 벌어진 일이었다. 숲을 보호해 온실가스를 줄인다면서 사람을 해쳤다. 나무 한그루 한그루가 탄소배출권을 갖는 '돈'이 되면서 발생한 일이다. 돈이 되다 보니 배출권거래 대상도 숲만 아니라, 플랜테이션, 조림까지 포함하게 되었다.

전 세계 농민들로 이뤄진 단체 비아 캄빠시나는 "북반구 선진국들은 남반구에 진 생태적 부채를 정당하게 갚을 생각은 하지 않고, 시장중심적인 해결책을 꺼내어 놓고 있다. 특히 REDD는 마치 개도국, 특히 브라질, 인도네시아, 말레이시아와 같은 나라의 숲을 지킴으로써 기후변화를 막는데 엄청난 도움이 되는 것으로 보이지만, 속내는 선진국들이 짊어지어야 할 이산화탄소 저감을 개도국의 REDD로 통해 상쇄하려는 것 일뿐이다. 이는 돈을 내고 우리에게 쓰레기를 버리는 행위와 별반 다르지 않다고 비판하고 있다. 산림탄소

배출권거래는 숲과 원주민 공동체를 파괴하고, 단일 조림사업으로 생태계를 파괴하고 있다.

리마총회에서 원주민그룹은 "기후변화 대응을 위한 감축이나 적응대책을 수립할 때 원주민들의 인권과 권리를 인정해야 한다"는 이 한 문장을 넣기 위해 온갖 노력을 기울였지만, 이 문장은 끝내 반영되지 않았다. 우리가 지금 이렇게 잔인하다. 회의 마지막 날 분노에 찬 환경운동가의 연설이 아직도 생생하다. "여기 회의장을 둘러보세요. 다들 정장 입은 사람들이 돌아다니지요. 길거리에 나가봐요. 사람들이 여기처럼 정장을 입고 다니나요? 아니잖아요. 지금 이 회의장은 협상하는 사람들로 가득해요. 지구의 미래를 걱정하는 보통사람들의 의견이 반영되지 않고 있다는 증거입니다."

8. 국가가 아닌 지구의 관점으로, 녹색당의 정치

리마에서 회의가 계속될수록 마음은 바닥이 쩍쩍 갈라지는 논바닥처럼 메말라 갔다. 그 삭막한 마음에 단비를 뿌려준 것은 녹색당 모임이었다. 이번회의에는 전 세계 30여 개국 녹색당 대표들이 참석했다. 12월 10일 열린 아침회의에서 캐나다 최초의 녹색당 하원의원 엘리자베스 메이는 "왜 요즘 캐나다에 대해 아무도 제대로 말을 하지 않는 거죠? 캐나다가 협상을 얼마나 엉망으로 만들고 있는데요."라며 발언을 시작했다. 캐나다는 샌드오일과 타르오일을 개발하고 있고, 교통의정서 2차 공약기간에도 참여하지 않기로 했다는 것이다. 그렇기 때문에 국제사회가 캐나다에 대해 강력한 비판을 해야 한다고 강조했다. 덧붙이길 "다행인 건 아마도 확신하건데 파리총회의에는 지금 정부가 아닌 기후변화에 대해 적극적인 정부가 들어설 거예요. 우리 녹색당도

약진할겁니다". 발언이 끝나자 환호성이 터져 나왔다.

이어서 크리스틴 밀린 호주녹색당 상원의원은 "호주 정부도 더 많이 비난해주세요. 우리도 2차 공약기간에서 빠졌지요. 게다가 녹색기후기금으로 2억 호주 달러를 낸다고 발표했습니다. 대단하게 보일지 모르지만 이건 거짓말입니다. 원래 대외원조기금으로 마련된 돈을 기후기금으로 전환한 것뿐입니다" 녹색당 정치인들에게는 국익 이전에 지구 전체의 미래가 더 중요하다. 강령에 명시된 '생태적 지혜'를 지키는 것이다.

아시아에서는 유일하게 한국녹색당이 참여했기에 나도 발언을 했다. "동아시아에는 전세계 온실가스 배출량 1위 중국, 5위 일본, 7위 한국이 몰려있습니다. 세계에서 가장 화석에너지를 집약적으로 사용하는 곳이기 때문에 에너지전환이 절실합니다. 핵발전소도 늘고 있습니다. 중국은 27기가 있는데다 계속 짓고 있고, 한국도 2035년까지 15기 이상을 더 건설할 계획입니다" 이 대목에서 녹색당 대표들은 깜짝 놀라는 표정을 지으며, 탄식했다. 후쿠시마 이후에도 핵발전이 기후변화 대안이라는 주장을 하고 있는데, 한국정부도 비판해 달라고 말했다. 희망적인 나라의 이야기도 들었다. 2050년까지 재생가능에너지 100% 전환을 선언한 독일 녹색당의 발표에는 박수가 터져 나왔다.

기후변화 대응을 위해 전세계에서 모여 함께 토론하고, 함께 행동하는 정당은 '녹색당'이 유일하다. 녹색당 당원인 것이 뿌듯했다. 이번회의에서 세계녹색당(Global Greens)은 화석연료 보조금 폐지, 2050년까지 재생가능에너지 100%, 핵 발전 폐기, 지구온도 1.5℃ 상승 억제를 공동의 주장으로 내걸고 있다. 같은 날 한국 환경부가 주관한 모임에서 정부측 인사는 "우리가 외국에 나왔을 때에는 무엇보다 국익의 관점에서 한국인으로 일치단결해서 행동해야 한다"고 일장연설을 했다. 시민사회에 정부의 기후변화대응 정책에 대한 비판을 자제해달라는 우회적인 표현이었다. 아직까지 우리가 이렇다. 기후변화를 해결하는 데 가장 필요한 것은 국가이기주의에서 벗어나 지구의 관점에서 대안을 마련하는 것이다. 각자에게 주어진 몫 이상을 감당해야 해결할 수 있기 때문이다. 기후변화 정치에 희망이 있다면, 답은 녹색당이다.

9. 한국정부의 황당한 "온실가스 감축 목표량" 발표

2015년 6월말 기준 총 40여개 나라가 각국의 자발적인 감축목표량을 제시했고, 한국 정부도 지난 6월 11일 온실가스 감축목표안를 발표했다. 목표는 2030년 아무런 노력을 하지 않고 앞으로 온실가스가 얼마나 늘어날 것인지를 예상(BAU : 이 방식을 Business As Usual이라고 표현한다)한 후, 그 예상량에서 14.7%, 19.2%, 25.7%, 31.3%를 감축하는 4개 시나리오를 제시했다. 정부가 발표한 온실가스 감축방안은 실망을 넘어 참담한 수준이다. 박근혜 정부는 이명박 정부보다도 못한 감축안을 제시했다. 이명박 정부는 2009년 11월, 2020년 온실가스 감축목표를 BAU 대비 30% 감축으로 발표했다. 그런데 박근혜 정부의 안은 네 가지 시나리오 모두 국제사회와 약속한 2020년 온실가스 목표 배출량(5억 4,300만 톤)을 넘어서는 수치다. 지난 20차 페루 리마회의에서 합의했던 '후퇴금지(no backsliding) 원칙'을 정면으로 위배한다. 리마회의에서는 지금까지 약속한 감축목표량보다 더 적은 양을 목표로 제시해서는 안 된다는 약속을 한 바 있다.

BAU 대비 목표는 국제사회에 내놓기 부끄러운 산정 방식이다. 선진국들은 모두 기준년도를 정하고, 그 연도의 총량대비 얼마를 줄이겠다고 약속한다. 그런데 한국은 앞으로 얼마가 늘어 날지를 계산해서 줄이는 것이기 때문에 전망을 어떻게 하는가에 따라 줄여야 할 목표량은 고무줄처럼 변하게 된다. 실제로 이번에도 BAU를 재산정해 2009년 대비 2020년 배출전망치가 7억 8,250만 톤으로 늘어나는 것으로 전망하고 목표를 잡았다. 지금까지 감축 목표량을 제시한 나라 중에 BAU를 기준으로 한 나라는 멕시코, 가봉, 안도라, 모로코 등이다.

세계경제 규모 11위에 배출총량 7위인 국가가 개도국과 같은 방식의 감축목표를 정하는 것은 부끄럽기 그지없는 일이다. 더 황당한 것은 감축목표를 결정하는 과정이다. 정부는 11일 온실가스 감축안을 발표했다. 그런데 정부부처합동공청회를 바로 다음 날인 12일 개최한다. 최소한의 검토할 시간조차 주지 않는 것이다.

10. 정부, 핵발전을 강력한 기후변화 대안으로 제시

정부가 제시한 감축수단을 살펴보면 더 가관이다. 시나리오 3(25.7% 감축)의 감축수단에는 "제2안의 감축수단에 원자력 비중 확대"를 시나리오 4(31.3% 감축)의 감축수단에는 "제3안의 감축수단에 추가하여, 국민적 동의에 기초한 원전비중 추가 확대"를 제시하고 있다. 결국 온실가스 감축 정책을 명분으로 핵발전소 확대를 꾀하고 있다. 온실가스 감축목표를 발표하기 전인 6월 8일, 산업통상자원부는 7차 전력수급기본계획을 발표했다. 향후 2029년까지 한국에는 신규핵발전소 13기를 더 짓는 것이다. 신고리 7, 8호기를 영덕으로 옮겨 2026년 1호기, 2027년 2호기를 준공하기로 했다. 더불어 정부는 3기가와트 용량의 전력이 더 필요하다며 신규핵발전소 2기를 추가로 짓기로 하고, 2018년 삼척과 영덕 중 한곳에 건설하기로 결정했다. 영덕 핵발전소 2기 건설을 기정사실화하고, 삼척과 영덕 추가 핵발전소 건설을 선택지로 남겨 두었다.

산업부는 "기후변화 대응을 위해 '원전'과 '신재생' 등 친환경전원 비중을 늘린다"고 발표했다. 후쿠시마 사고 이후에도 정부는 '원전'을 친환경 에너지로 주장하고 있다. 국제사회에서는 후쿠시마 사고 이후 더 이상 기후변화의 대안으로 핵발전을 이야기하지 않고 있다. 독일은 2022년 탈핵을 선언했다. 적극적인 수요관리로 핵발전소를 지속적으로 폐쇄하고, 재생가능에너지로 화석에너지를 대체함으로써 온실가스도 줄이고 있다. 이미 전체 전력의 27%를 재생가능에너지로 생산하고 있다. 독일은 탈핵과 에너지전환이 가능하다는 것을 현실에서 보여 주고 있다. 한국사회도 독일과 같은 장기 에너지 전환 계획을 수립해 탈핵과 온실가스 감축을 동시에 이뤄야 한다.

온실가스 감축의 수단으로 한국에서는 2015년 1월 1일부터 온실가스배출권거래제가 시작되었다. 시장을 통해 대안을 찾는 한국적 특성이 반영된 것이다. 그런데 온실가스배출권거래제는 유럽에서도 많은 한계가 드러났을 뿐만 아니라, 감축효과 보다는 새로운 이윤을 창출해내는 수단으로 변질될 가능성도 높다. 배출권을 많이 할당받은 기업들이 배출권을 팔아 오히려 수익을 올리는 것이다. 이것은 배출권거래제를 설계하는 시장에 기업의 로비와 입김이 작용하기 때문이다. 철강, 정유, 석유화학 등 국내 기업들은 온실가스 감축정책에 강력하게 반발하고 있다. 그 결과 지난해 정부가 산업계에 배출량을 할당하는 과정에서도 기업의 반발로 인해 모든 업종에서 감축률을 10% 완화하고 간접배출 및 발전분야에 대한 감축 부담을 덜어주기도 했다. 국경제인연합회이 설립한 한국경제연구원은 아직도 '지구 온난화는 일종의 자연현상'이라는 주장을 펼치고 있다. 한국의 기업들은 명백한 기후변화의 위험을 부정하고, 욕망을 크기를 줄일 의지가 없다는 것을 공개적으로 표명하고 있다.

11. 한국정부 BAU대비 37% 감축 확정, 해외 감축분 대거 반영

2015년 6월 30일, 정부는 국무회의를 통해 온실가스 감축 목표안을 '2030년 BAU 대비 -37%'로 결정하고, UN에 통보했다. 한국의 온실가스 감축목표는 감축량이 적은 것도 문제이지만, 국제사회에 내놓기 부끄러울 정도로 정직하지 못한 방식을 사용하고 있다. 한마디로 꼼수로 만들어진 계획인 것이다.

정부는 지난 11일, 제시한 4가지 시나리오보다 더 높은 목표를 설정했다고 자화자찬 했다. 최종 결정 안으로 제3안(25.7%)을 기준으로 국제시장을 통한 감축한 11.3%를 더해 최종감축 목표량은 37%라는 것이다. 그러나 세상 어느 나라가 해외감축분을 전체 감축목표량의 30%나 반영한단 말인가! 해외감축분이라는 것이 탄소상쇄인데, 해외에서 돈을 주고 배출권을 사들여서 해결한다는 발상 자체가 문제가 있다. 심지어 국제 탄소시장 메커니즘은 세부 규칙에 대한 협상이 진행 중으로 아직 실체도 없다. 4가지 시나리오 발표 이후 국내외 사회적 비판을 받자 해외감축분을 추가해 감축 수치만 올린 꼴이다. 누가 봐도 뻔히 보이는 이런 식의 꼼수를 관계부처 합동으로 국무조정실, 기획재정부, 미래창조과학부, 외교부, 농림축산식품부, 산업통상자원부, 환경부, 국토교통부, 해양수산부가 합의해서 마련했다는 것이 개탄스럽다. 이것이 우리 정부의 수준이란 말인가! 감축방식에서 산업부문은 BAU의 12% 수준을 초과하지 않도록 예외를 인정했다. 우리나라에서 온실가스를 가장 많이 배출하는 산업부문의 목표를 12%로 한정하면 도대체 누가 어디서 어떻게 나머지 부분을 줄이겠다는 것인가? 결국, 또 애꿎은 국민들을 쥐어짜겠다는 것이다.

현실을 보자. 한국도 2014년 GDP는 3.3% 성장했지만, 온실가스 배출량은 감소했다. 이것은 세계적인 추세이다. 중국도 지난해 7% 경제성장률을 달성했지만, 온실가스 배출량은 2% 줄었다. 세계의 공장이라는 중국도 온실가스 배출량이 감소하고 있는데, 한국이 BAU를 산정하면서 지속적인 배출량 증가를 산정하는 것은 이해할 수 없다. 2030년까지 온실가스가 대폭 늘어난다는 것을 전제하고 그 추세를 줄이겠다는 계획을 UN에 제출하는 것은 황당하고 무책임한 것이다.

12. 파국으로 치닫는 한국사회와 지구의 미래

'자발적 감축방안'이라는 표현에서 알 수 있듯이, 이미 세계는 바닥을 위한 경쟁을 하고 있다. 멕시코가 BAU를 전제로 한 감축방안을 제시했고, 일본이 2013년을 기준년도로 제시함으로써 실망을 주고 있다. 그 바닥을 위한 경쟁에 가장 바닥을 한국정부가 기록하고 있다. 게다가 한국은 온실가스 감축목표를 높이면 높일수록 핵발전소를 많이 건설하는 방향으로 나아가고 있다.

한국은 2012년 기준 이산화탄소 배출 7위(연료 연소), 온실가스 누적 배출량 16위, 1인당 배출량 OECD 6위 국가이다. 그런 나라가 멕시코와 모로코 등 개도국이 사용하는 BAU 방식을 채택한 것도 비난받아 마땅하다. BAU 방식은 배출량 전망에 따라 감축목표치가 달라지는데, 심지어 한국은 2009년 배출 전망치보다 올해 작성한 배출 전망치를 더 높게 예측했다. 전형적인 BAU 전망조정을 통한 배출량 부풀리기 방식을 쓴 것이다.

정부가 이렇게 후퇴한 온실가스 감축 방안을 발표한 데에는 산업계의 압박과 로비가 크게 작동했다. 한국의 산업계는 이윤에만 집착하며, 온실가스 감축을 오로지 규제로만 받아들이고 있다. 국가와 세계 전체의 미래에 영향을 미치는 중요한 계획을 이렇게 세워서는 안 된다. 한국사회, 이대로는 미래가 없다. EU의 경우, 2030년까지 1990년 대비 40% 감축하겠다는 이행방안을 냈다. 한국이 지향해야 할 모델은 독일과 EU이다. 한국정부가 경제규모에 맞게 지구적 목표인 2℃ 온도 상승 억제를 위한 한국의 공정한 양에 적합한 목표를 재수립해야 한다. 기후변화로 돌이킬 수 없는 재앙을 경험하기 전에, 우리에겐 제대로 된 목표가 필요하다. 한국 녹색당은 12월 프랑스 파리에서 열리는 21차 기후변화협약당사국 총회에 참석할 것이다. 그리고 세계 녹색당과 협력하여 한국의 꼼수투성이 온실가스감축목표에 대한 문제점을 알리고, 한국 정부의 변화를 촉구할 것이다. 오로지 '산업계 보호'의 관점으로 가득 찬 한국 정부는 '지구'와 '인류의 미래'를 위해 활동하는 세계 녹색당의 거센 저항에 부딪히게 될 것이다.

더불어 기후변화를 해결하는 데 가장 필요한 것은 국가이기주의에서 벗어나 지구의 관점에서 대안을 마련하는 것이다. 각자에게 주어진 몫 이상을 감당해야 해결할 수 있기 때문이다. 지난 1월, 필리핀 슈퍼태풍 피해 지역을 방문한 프란치스코 교황은 기후변화의 심각성을 강조하며, 12월 프랑스 파리에서 열릴 제21차 유엔기후변화협약 당사국총회에서 세계 지도자들이 결단을 내려야 한다고 촉구했다. 프랑스 파리에서 우리는 '돈'보다 '생명'을 선택할 수 있을까? 기후변화라는 인간이 만든 지구의 재앙 앞에서, 인간들은 지혜로운 선택을 할 수 있을까?

05

기후변화와 의사소통적 합리성

-한국과 미국 언론의 기후변화 뉴스 프레임 비교연구를 중심으로-

지명훈(동아일보 사호 부 차장)

▮ 21세기 글로벌 기후변화와 윤리적 정의(Justice) ▮

05

기후변화와 의사소통적 합리성[1]

-한국과 미국 언론의 기후변화 뉴스 프레임 비교연구를 중심으로-

지명훈(동아일보 사회부 차장)

1. 들어가는 말-두 개의 기후변화

미국의 예일대와 조지메이슨대가 지난 2009년 12월 24일부터 2010년 1월 3일까지 미국인 1000명을 대상으로 조사한 결과 '기후변화가 진행되고 있다고 믿는다'는 응답자는 57%로 지난 2008년 10월(71%)에 비해 14%포인트나 하락했다.[2] '지구온난화가 인간의 활동으로 인해 초래 된다'는 답변은 47%로 10% 포인트 줄었다. 기후변화의 전도사로 알려진 앨 고어 전 미국 부통령 말에 대한 신뢰는 47%로 10% 포인트 떨어져 TV 기상캐스터(56%) 보다 못했다.

1 이 글은 『동서철학연구』, 제76집, 한국동서철학회, 2015, 325-343쪽에 실린 내용을 수정 · 보완 하였음.

2 중앙일보, '지구가 따뜻해진다고? 미국인 16% 안 믿어', 2010. 3. 2 인터넷판.

반면 비슷한 시기인 2009년 8월 미국 메릴랜드 대학의 국제 여론조사 연구기관인 국제정책태도프로그램이 세계 인구의 60%를 차지하는 19개 나라를 대상으로 기후변화 정책에 대한 태도를 조사한 결과 한국인 응답자(600명)의 '한국 정부가 기후변화 정책을 더 강화해야 한다'는 답변이 81%로 최고였다.[3] 인터넷으로 평평해졌다는 지구촌의 기후변화는 이처럼 두 개다. 우선 서구사회에서는 논쟁적 이슈다. 지난 2010년 초 BBC와 가디언 등의 인터넷 사이트에서는 과학자와 일반인이 뒤엉킨 '온난화 논쟁'이 격렬하게 발생했다.[4] 미국의 CNN과 MSNBC 등의 방송에서도 기후변화 옹호론을 지지하는 앨 고어 전 부통령과 회의론을 지지하는 세라 페일린 전 알래스카 주지사의 기후게이트 논쟁이 치열하게 전개되어 왔다.[5]

하지만 한국사회에서는 수용적 사안에 불과하다. 국내의 유력 일간지 환경전문기자의 칼럼은 이런 현실을 잘 보여 준다. "한국 사회는 너무나 조용하다. 특히 과학적 진실의 전위이자 최후의 보루인 과학자 집단의 침묵은 이상할 정도다. 전화를 (기후변화에 대한) 견해를 물어봐도 기존의 IPCC 보고서에 대한 일말의 회의조차 제기하지 않는 경우가 많았고, 내부적으로나마 토론의 장을 만들려는 관련 학회를 찾기도 힘들었다. 이 현상만 보면 대한민국은 여전히 과학의 변방이다. 과학 변방이면 경제의 변방이고 정치의 변방이다. 지식의 진보와 인류의 발전은 기존의 과학적 추론에 대한 과학자들의 회의에서 출발했다. 한국에서도 과학자들의 온난화 논쟁을 보고 싶다."[6]

필자는 이런 차이가 1차적으로 정보의 불균형에서 비롯되었다는 가설을

---

3 한겨레, 2009년 8월 4일자 "'기후변화 정책 강화 필요', 한국 81%로 1위", 기후변화 정책의 우선순위가 현재보다 높아져야 하는지 여부를 물은 질문에 대해 전체 응답자의 60%는 더 높아져야 한다고 대답했다. 현재 그대로가 좋다는 답변은 18%, 낮아져야 한다는 응답은 12%에 그쳤다. 한국에 이어 멕시코(79%) 영국(77%) 프랑스 · 대만(77%)에서 높았고, 기후변화 대책에 앞서 개발할 권리를 주장하는 중국(62%)과 인도(43%)에서도 기후변화를 더 중시해야 한다는 여론이 높았다.

4 박은호, '온난화 논쟁 실종사건', 『조선일보』 칼럼, 2010. 2. 2, 38면..

5 동아일보, '페일린-고어 기후게이트 맞짱', 2009. 12. 11, 32면.

6 박은호, 앞의 칼럼.

설정하여 고찰하였다. 서구 언론은 기후변화를 논쟁적 이슈로 소개했지만, 한국 언론은 기후변화의 논쟁을 생략한 채 대응과 적응만을 주로 강조해 왔다. 기후변화의 역사에서 가장 논쟁적인 이슈인 기후게이트를 다루는 방식을 보면 확연하게 그 차이가 드러난다. 구글에서 2010년 뉴욕타임스 기사 중 'climategate(기후게이트)'를 검색(climategate site:nytimes.com)한 결과 32건이 검색된 반면 한국언론진흥재단의 카인즈(KINDS)로 같은 기간 국내 전국 10개 종합일간지의 '기후게이트'를 검색했더니 34건이 나왔다. 1개 언론사와 10개 언론사의 보도 건수가 비슷했던 셈이다. 내용을 분석해 보면 그 차이는 더욱 심각하다. 국내 신문 기사 34건의 절반인 17건은 세계일보 기사였는데 그 가운데 15건은 자매지인 워싱턴타임스의 칼럼이나 사설의 번역물[7]이었다. 정보의 편향성이 담론 형성에 영향을 미친 것으로 보인다. 선행연구는 환경 쟁점이 사회 쟁점으로 부각되는데 언론이 절대적인 영향력을 미친다고 분석하고 있다.[8] 기후변화는 인류에 삶에 지대한 영향을 지속적으로 미치는 지구촌 이슈다. 당장 각국의 정부와 국민에게 결단과 행동을 요구한다. 최재천은 지난 2001년 펴낸 '기후변화 교과서'에서 매는 먼저 맞는데 낫다는 논리를 폈다. "세계가 빠른 속도로 저탄소 경제체제로 바뀌고 있는 만큼 미리 준비하지 못하고 떠밀리듯 체제에 편입되는 국가는 심각한 경제위기를 맞이할 것이다."[9]

하지만 환경론자의 순박함이라고 비판하는 사람들도 있다. 의무감축국이 되면 각종 규제로 인해 당장 경제에 심대한 타격이 불가피하기 때문이다. 결국 우리는 기후변화에 대한 정확한 인식을 바탕으로 국제사회의 동향을 예의주시하면서 대응책을 강구해야 한다. 그러기 위해서는 활발한 토론을 거쳐 국민의 여론을 수렴해야 하는데 앞서 간단히 살펴본 것처럼, 우리는 그럴

7 워싱턴타임스는 극 보수적인 성향의 신문으로 세계일보의 자매지다. 세계일보는 기후변화에 비판적인 워싱턴타임스의 칼럼을 집중적으로 소개해왔다.

8 Einsiedel, E, *"From Disaster Reporting to In-Depth Coverage"*, Media Development, 1990.

9 최재천 외, 『기후변화교과서』, 환경재단도요새, 2011, 4쪽.

만한 담론을 만들어낼 환경을 갖추지 못했다. 본 연구는 한국과 미국 언론이 기후변화에 접근하는 프레임이 얼마나 다른지, 그 이유는 무엇이고, 영향은 어떻게 나타나는지를 분석한다. 결론 부분에서 사회 철학과 하버마스(Jürgen Habermas)의 의사소통행위이론을 바탕으로 한국 언론의 접근 태도를 비판하고 향후 과제에 대해서도 고찰할 것이다.

2. 뉴스프레임과 의사소통행위이론

1) 기후변화 보도와 의사소통행위이론

기후변화가 '합의된 과학'인지 '불확실성의 과학' 인지에 대한 논란은 아직 완전히 매듭짓지 못했다. 과학적 합의(Scientific consensus)란 과학계의 종합적인 판단이나 입장 그리고 의견으로 '전반적인 동의'를 의미하며 만장일치를 필요로 하지는 않는다.[10] 적어도 주류 기후과학계에서는 기후변화가 진행 중이며 인간의 탄소배출이 주된 원인이라는 주장이 정설로 자리를 잡아가고 있다. 하지만 기후게이트 등 기후변화 논란으로 기후변화 이론은 종종 '합의된 과학'의 지위에 도전을 받는다. 제롬 라베츠와 실비오 펀토비치는 유전자변형식품(GMO)이나 기후변화처럼 '과학의 역할이 한계를 드러낼 수밖에 없는 현대사회의 위험문제'들을 새로운 관점에서 다룰 필요를 느껴 '탈정상과학(post-normal science)'이라는 개념을 고안했다"고 하면서 기후변화 이론을 불확실성의 과학

10 강윤재, 『세상을 바꾼 과학논쟁』, 궁리, 2011, 152~158쪽.

11 강윤재, 앞의 책.

으로 분류했다. 언론은 이런 불확실성의 과학적 사안에 대해 사전예방의 원칙에 입각해 위험성만 강조해서는 안 된다. 기계적 균형을 취한다고 제 할일을 다했다고 보기 어렵다. Botkoff는 뉴욕타임스 등 저명한 미국 4개 일간지 분석을 통해 언론의 균형보도 원칙이 지구온난화 보도에서 오히려 편견을 조장했다고 밝혔다.[12]

기후변화에 대한 언론의 책임성은 하버마스(Jürgen Habermas)의 『의사소통행위이론』[13]에 비추어 비판할 수 있다. 이 이론에 따르면, 인간이 표출하는 의견과 행위는 합리적인 성질을 가질 수 있다. 이 때 합리적이라는 것은 이성에 합당하다는 말이다. 현대 언어 철학은 이것을 의사소통과정에서 오가는 언어사용의 형식적 조건들 안에서 부인할 수 없이 보편타당한 것으로 확증할 수 있다. 이 때 언어사용의 형식적 조건들이란 말해지는 언어적 표현의 이해가능성, 말해진 명제의 진리성, 말하는 이의 진실성, 듣는 이에 대한 책임 있는 응답을 가르킨다. 불확실성의 과학적 사안에 대한 해법 가운데 하나로 과학커뮤니케이션 이론은 대중과의 공유를 강조한다. 김학수 등(2009)은 공동체 문제 규명하는데 우선 '공동 인지(認知)' 단계가 중요하다고 강조했다.[14] 문제를 함께 규명할 때 훨씬 더 타당하고 풍요로운 핵심을 찾아낼 가능성이 크다. 또 이견보다는 상호이해(mutual understanding)를 넓힐 수 있어 해결을 위해 공동 행동에 나설 가능성도 높아진다. 오늘날 기술 위험으로 인한 사회적 갈등의 상당 부분들은 '커뮤니케이션 실패'에 기인하고 있고 구성원 간 커뮤니케이션 실패로 인한 사회적 비용은 상상 외로 크고 나날이 증가하고 있다.[15]

국내의 기후변화 논문 가운데 기후변화 논쟁을 다루었거나 이를 과학보도 및 환경사학 측면에서 접근한 사례는 많지 않다. 기후변화 논쟁을 통해 본

---

12 김현철 외, 「한국 일간신문의 기후변화 관련 뉴스 프레임 변화」, 『사회과학연구』, 79, 80쪽.

13 위르겐 하버마스, 장춘익 옮김, 『의사소통행위이론』, 나남출판, 2006.

14 김학수 외. 『과학커뮤니케이션론』, 일진사, 2009, 84~85쪽.

15 송해룡 외, 「과학기술 위험보도에 관한 수용자 인식 연구」, 『한국언론학회보』 제49권 3호, p. 106.

「환경과학의 역할과 성격」[16]은 기후변화를 사례로 환경과학이 수행하는 역할과 환경과학의 성격을 살펴보고 있다. 「기후게이트와 기후과학 논쟁」[17]은 그동안 피상적으로만 소개됐던 기후게이트 사건의 전개과정과 내용을 살펴보고, 이를 통해 기후변화 과학의 주요 논쟁점과 기후과학자들의 관행을 비판적으로 되짚어 보고 있다. 기후게이트가 환경과학과 환경사회학에 주는 함의를 아울러 다루었다.

2) 뉴스 프레임과 국제 비교

Gitlin을 비롯한 프레임에 대한 많은 선행 연구자들은 언론이 생산한 뉴스는 수용자들이 현실과 세계를 이해하는 데 많은 영향을 미친다고 결론을 내고 있다. 흔히 뉴스는 기자들이 현실을 있는 객관적인 입장에서 있는 그대로 전달하는 것이라고 생각하기 쉽지만, 실제로는 현실을 재구성해 공중의 지각과 인식을 특정한 방식으로 이끈다는 것이다.[18] Entman은 뉴스 프레임이란 결국 현실의 특정한 측면만을 '선택'하고 그것에 대한 원인 분석이나 대안을 강조함으로써 특정 현실을 현저하게 '부각'시키는 것이라고 보았다. [19]본 연구도 한국과 미국 언론이 기후변화의 어떤 부분을 선택하고 강조(프레이밍)해 공중의 인식에 영향을 미치고 있는지 살펴보는데 주안점을 두었다.

「한국 일간신문의 기후변화 관련 뉴스프레임 변화」[20]나 「한국 신문의 정치적 성향에 따른 기후변화 뉴스 프레이밍 차이 연구」[21], '논쟁적 과학이슈에 대

16 박희제, 「기후변화 논쟁을 통해 본 환경과학의 역할과 성격」, 『환경사회학연구』 제12권 1호, 2008.
17 김명심 외, 「기후게이트와 기후과학논쟁」, 『환경사회학연구』, 2011.
18 한균태 외, 「국내 신문의 환경이슈 보도에 대한 프레이밍 연구」, 『방송학회보』, 2004, 290, 298쪽.
19 한균태 외, 위의 논문.
20 김현철 외, 위의 논문.
21 주영기, '한국 신문의 정치적 성향에 따른 기후변화 뉴스 프레이밍 차이 연구', 『언론과학연구』, 2013.

한 신문보도 분석'[22]은 본 연구와 유사한 측면이 있지만. 직접적인 국제비교를 하지는 않았다. 보도의 국제 비교는 특정 쟁점에 대해 좀 더 다양한 입장과 견해를 확인할 수 있다는 장점이 있다. Boykoff는 국제비교를 하고 있지만 접근 프레임이 확연히 다른 한국의 문제를 다루지는 않았다.

3) 뉴스 프레임 구축

프레임은 일반적으로 연역적 접근과 귀납적 접근이라는 2가지 방식으로 분류할 수 있는 데 본 연구에서는 귀납적 방식을 택했다. 기사 전체를 읽은 뒤 기후변화에 대한 태도를 판단할 수 있는 키워드나 진술문 등을 토대로 프레임을 분류했다. 프레임은 모두 7가지로 분류했고 나머지는 기타로 처리했다.

①교조주의

'불편한 진실'의 저자인 앨 고어 같이 전도사나 선교사처럼 기후변화에 대해 위험성을 강조하고 대책을 촉구하는 태도다. 지구온난화가 최근 급격히 진행되고 있고 그 원인이 인간의 이산화탄소 배출이라는 입장이다. 기후변화에 대한 전 지구적인 차원의 대책을 조속히 마련해 추진하지 않으면 파국은 불가피하며 기후게이트 등은 석유자본 등의 음모라고 본다. 국제기구의 기후변화 경고와 온실가스 감축을 위한 캠페인, 전시회, 기업 교육 등의 기사도 포함했다.

②환경붕괴

홍수나 태풍, 빙하의 융해, 해수면 상승 등 거의 모든 기상변화나 재난재해,

22 임인재 외, '논쟁적 과학이슈에 대한 신문보도 분석 : 기후변화의 원인과 대응 관련 보도를 중심으로', 『한국언론학회보』, 2013.

생태계 변화를 기후변화 영향의 결과이며 인류의 암울한 미래의 전조라고 해석한다. 과학적 관점에서 보면 단기적인 기상변화와 다소 심하지만 통상 있을 수 있는 자연 및 환경 변화를 무조건적으로 기후변화의 결과로 일반화 하는 오류를 범하고 있다는 비판을 받는다.

③ 기후적응

기후변화가 과학적 사실인지 논쟁을 넘어 기후변화에 적응해야 할 시점이라는 입장이다. 기후변화에 대한 논쟁은 이제는 부질없는 것일 뿐 아니라 오히려 기후대응과 적응의 발목을 잡는 것이라는 태도를 보인다.

④ 국제갈등

기후회담에 응하는 각 국가의 입장, 전망, 갈등을 소개한다. 주로 온실가스 감축 의무를 강조하는 선진국과 지구온난화의 역사적 책임을 지고 선진국이 온실가스 감축과 관련한 지원금을 내놓도록 촉구하는 개발도상국 사이의 갈등을 다룬다. 조속히 기후협약에 합의해야 한다고 촉하기도 한다.

⑤ 과학의 한계

기후현상은 그 자체적인 복잡성 때문에 과학적으로 정확한 분석과 예측이 쉽지 않다는 입장이다. 종종 발견되는 기후이론의 오류는 이런 기후과학의 한계나 연구 오류 때문이라고 해석한다. 하지만 기후이론의 오류를 뒤에 등장하는 '음모개입' 프레임처럼 의도적인 조작이나 사기로가 보지 않는다. 기후이론의 오류를 막기 위해 연구시스템 개선 등을 요구한다.

⑥ 제3의길

비외른 롬보르의 시각이 대표적이다. 기후변화의 가장 큰 원인이 인간의 이산화탄소 배출인지에 대해 회의적이다. 또 기후변화의 결과로 인류의 종말이 초래될 것이라는 기후변화 이론의 주장은 극단적이고 과장된 공포라고 본다. 기후변화 개선의 효과가 적은 이산화탄소 감축 등에 막대한 예산을 투입하기보다 기아와 빈곤, 질병, 재난방지 등에 나서길 권한다.

⑦ 음모개입

지구온난화는 큰 기후 시스템의 일부일 뿐이며 인간 책임(이산화탄소 배출) 때문은 아니라는 입장이다. 기후변화 이론은 불확실하고 부정확한 과학적 데이터나 연구방법을 바탕으로 한 정치적 주장이라고 본다. 또 기후게이트는 환경주의자 또는 과학자들이 자신들의 지위를 유지하거거나 높이고 지원금을 타내기 위해 꾸민 음모나 사기라고 본다.

⑧ 기 타

위의 프레임에 속하지 않는 기사

3. 한국 언론의 일방적 보도

1) 프레임 분석 개관

먼저 한국 언론의 프레임 분석을 해보면 '교조주의' 프레임이 전체 기사 140건 가운데 36건으로 25.7%를 차지해 가장 많았다. 그 다음으로 '기후적응(19.3%)', '환경붕괴(18.6%)', '음모개입(12.9%)', '제3의길(9.3%)' 등의 프레임이 뒤를 이었다. 〈표 1〉 기후변화에 대한 태도는 '옹호' 프레임이 70.1%로 '비판' 프레임(29.9%) 보다 대세인 것으로 나타났다. 기후게이트 등으로 기후변화에 대한 회의론이 확산됐지만 전반적으로는 기후변화의 위험성을 강조하고 대책 마련을 촉구하는 프레임이 큰 비중을 차지하는 것을 알 수 있다.

〈표 2〉에서 보듯 '옹호' 프레임은 매체별로는 뉴욕타임스가 92.9%로 가장 높았고 동아일보(87.8%)와 한겨레(86.7%)가 다음을 차지했다. 대척점의 월스트리트 저널의 '비판' 프레임이 96.4%로 매우 높았다.

〈표 1〉 신문별 프레임 비중

	신문명				합 계	P-value
	동아일보	한겨레	뉴욕타임스	월스트리트저널		
교조주의	7(16.3)	12(36.4)	16(53.3)	1(2.9)	36(25.7)	113.430 (0.000)
환경붕괴	12(27.9)	7(21.2)	7(23.3)	0(0)	26(18.6)	
기후적응	17(39.5)	7(21.2)	3(10.0)	0(0)	27(19.3)	
국제갈등	0(0)	3(9.1)	0(0)	5(14.7)	8(5.7)	
과학한계	1(2.3)	2(6.1)	2(6.7)	2(5.9)	7(5.0)	
제3의길	1(2.3)	0(0)	0(0)	12(35.3)	13(9.3)	
음모개입	3(7.0)	2(6.1)	0(0)	13(38.2)	18(12.9)	
기 타	2(4.7)	0(0)	2(6.7)	1(2.9)	5(3.6)	
합 계	43(100)	33(100)	30(100)	34(100)	140(100)	

〈표 2〉기후변화에 대한 태도 프레임

	신문명				합 계	P-value
	동아일보	한겨레	뉴욕타임스	월스트리트저널		
옹 호	36(87.8)	26(86.7)	26(92.9)	1(3.6)	89(70.1)	76.074 (0.000)
비 판	5(12.2)	4(13.3)	2(7.1)	27(96.4)	38(29.9)	
합 계	41(100)	30(100)	28(100)	28(100)	127(100)	

2) 신문별 뉴스 프레임

(1) 동아일보

43건의 기사 가운데 기후변화 논쟁을 넘어 기후변화에 대응하고 나아가 적응해야 한다는 '기후적응' 프레임이 39.5%(17건)를 차지했다. 이 프레임에서 4개 신문 가운데 가장 많았는데 이는 기후적응을 강조한 두 번의 기획시리즈 영향이 큰 것으로 분석했다. 2010년 9월 13일부터 16일까지 '기후변화 적응역량을 키우자'라는 제목으로 3회에 걸쳐 국내 16개 지방자치단체의 기후변화 영향과 기후변화 적응역량을 조사한 것이 사례다.

지난 2011년 6월 29부터 7월 1일까지는 내부 연구소인 미래전략연구소와 외부 연구소인 국가기후변화적응센터와 공동으로 기후변화적응 지수평가 작업을 벌여 3회의 관련 기사를 실었다. 기후변화 적응을 강조하는 시리즈여서 기후변화 논란 프레임은 끼어들 여지가 없었다.

(2) 한겨레

'교조주의' 프레임이 33건 가운데 36.4%(12건)를 차지해 가장 많았다. '환경붕괴'와 '기후적응'은 각각 21.2%(7건)로 공동 2위였다. '중부권 물 폭탄…기후변화 어떻기에…한반도 아열대 기후 북상중(2011년 7월 29일)', '아시아 · 태평양 기후변화가 삼켜버린 분쟁 섬(2010년 3월 25일)', '참조기 동해 중부서 발견…지구온난화 영향으로 북상(2011년 3월 25일)' 등 기후변화로 인한 환경붕괴를 보여주는 기사들이다.

기후변화에 대한 태도는 역시 옹호 프레임이 지배적이었다. 다른 신문과는 달리 기후변화 보도와 관련한 '미디어의 역할'을 강조한 2건의 기사가 실려 눈길을 끌었다. 2010년 9월 10일자 사내 칼럼 '아침햇발-기후 게이트 넘어 소통으로'는 중국 상하이에서 열린 '기후변화와 언론' 심포지엄에서 취재기자들이 토론을 통해 기후변화와 관련한 과학기자의 본령을 강조했다는 내용이다.

2010년 9월 18일자 '기후변화 미디어가 제대로 전해야'라는 인터뷰 기사에서 라우 나사(NASA) 대기과학연구소장은 미디어가 기후변화에 대한 한두 가지 정보로 섣부른 판단을 하는 것을 경계해야 한다고 주문했다.

(3) 월스트리트 저널

전반적으로 기후변화 이론을 강하게 불신하거나 회의적인 입장에서 대안을 제시했다. '음모개입' 프레임이 34건 가운데 13건으로 전체의 38.2%를 차지해 가장 많았다. 기후변화에 대한 태도는 '비판' 프레임이 96.4%로 절대적이었다.

기사 주제별로 보면 '기후변화 논란' 기사가 79.4%(27건)로 다른 3개 신문에 비해 압도적으로 많았다. '기후변화 논란' 기사 가운데서도 'The climategate whitewash continues(기후게이트 눈가림이 계속 되다 · 2010년 7월 13일)' 등 37.0%는 가장 민감한 주제인 기후게이트에 집중됐다. 기후변화의 심각성을 전파한 공로로 2007년 공동으로 노벨평화상을 받은 앨 고어와 IPCC의장 라젠드라 파차우리의 공격하는 기사도 보였다. 2010년 11월 29일자 사설 'Al gore's ethanol epiphany(앨 고어의 에탄올 깨달음)'에서는 고어가 대체에너지 육성차원에서 에탄올 업계를 지원했다가 뒤늦게 잘못을 인정한 전력을 문제 삼았다. 신문의 프레임을 대표할 만한 '회의적 환경주의자'의 저자 비외른 롬보르의 기고를 여러 차례 실었다.

(4) 뉴욕타임스

'교조주의' 프레임이 53.3%로 절반을 넘어 4개 신문사 가운데 선두였다. 기후변화에 대해서는 '옹호' 프레임이 92.9%로 이 역시 같은 프레임 내 3개 신문사 가운데 가장 높았다. '기후변화 논란' 기사는 의회와 공화당, 법원 등에 기후변화에 대해 더 적극적인 태도를 취할 것을 주문하거나 기후변화 비판자들을 공격하는 기사였다.

지구온난화는 물론 한랭화도 모두 기후변화의 영향이라는 기사를 내보냈다. 크리스마스 다음날인 2010년 12월 26일자 'Bundle Up, It's Global Warming (두텁게 입으세요, 지구 온난화에요)' 기사는 "기후변화와 아랑 곳 없이 추워지는 것이 아니라 바로 그것 때문"이라고 결론을 맺고 있다.

3) 국가간 뉴스 프레임

〈표 3〉처럼 한국 신문들은 '기후적응' 프레임이 31.5%로 미국(4.7%) 보다 훨씬 높아 기후변화 논쟁을 다루기 전에 이미 '기후적응' 프레임으로 넘어간 양상이다. 미국 신문들은 방어하는 측면에서든 공격하는 측면에서든 기후게이트를 포함한 '기후변화 논란'을 상대적으로 많이 취급했다.

〈표 3〉 국가별 프레임 비중

	국가		합 계	P-value
	한국	미국		
교조주의	19(25.0)	17(26.6)	36(25.7)	34.917 (0.000)
환경붕괴	19(25.0)	7(10.9)	26(18.6)	
기후적응	24(31.6)	3(4.7)	27(19.3)	
국제갈등	3(3.9)	5(7.8)	8(5.7)	
과학한계	3(3.9)	4(6.3)	7(5.0)	
제3의길	1(1.3)	12(18.8)	13(9.3)	
음모개입	5(6.6)	13(20.3)	18(12.9)	
기 타	2(2.6)	3(4.7)	5(3.6)	
합 계	76(100)	64(100)	140(100)	

미국 신문들이 한국 신문들 보다는 '국제갈등' 프레임을 많이 보여 기후변화 문제를 국제적 시야에서 보도하고 있는 것으로 분석되었다.

기후변화에 대한 태도에서 뉴욕타임스는 '옹호' 프레임 신문 가운데 높은 비율(92.9%)을 보였고 월스트리트 저널은 반대로 '비판' 프레임이 96.4%로 절대적이었다. 매체별로는 미국 신문의 프레임이 더 뚜렷했다. 달리 말하면 일방보도가 더 많았다는 의미인데 새로운 현상은 아니다. 미국 언론이 부정이나 긍정 중에 어느 한 입장을 보이는 기사를 압도적으로 많이 쓰는 반면 한국 언론은 양비양시(兩非兩是)적 기사를 많이 쓴다는 사실은 선행 연구[23](박재영, 2009)의 결과이기 때문이다.

기사 주제로 살펴보면, 미국 신문들은 기사 64건 가운데 절반가량(51.5%)인 33건을 '기후변화 논란' 기사에 할애한 반면 한국 신문들은 76건 가운데 10건(13.1%)만 이 주제를 다루었다.

4) 진보 보수간 프레임

진보-보수간 프레임은 〈표 4〉와 같은 분포를 보였다. 진보 신문들은 '교조주의' 프레임 비중이 44.4%로 보수 신문들(10.4%) 보다 월등히 많았다. '음모개입'이나 '제3의길' 프레임은 보수 신문들에서만 볼 수 있었다. 기후변화에 대한 태도에서 진보 신문들의 89.7%가 '옹호' 프레임이었다.

23 박재영 외, '한미 신문의 의견기사에 나타난 한국기자와 미국기자의 사고습관 차이', 『한국언론학회보』 제53권 5호, 2009, 271쪽.

〈표 4〉 진보-보수별 프레임 비중

	진보-보수		합 계	P-value
	진보	보수		
교조주의	28(44.4)	8(10.4)	36(25.7)	36.779 (0.000)
환경붕괴	14(22.2)	12(15.6)	26(18.6)	
기후적응	10(15.9)	17(22.1)	27(19.3)	
국제갈등	3(4.8)	5(6.5)	8(5.7)	
과학한계	4(6.3)	3(3.9)	7(5.0)	
제3의길	0(0)	13(16.9)	13(9.3)	
음모개입	2(3.2)	16(20.8)	18(12.9)	
기 타	2(3.2)	3(3.9)	5(3.6)	
합 계	63(100)	77(100)	140(100)	

한국 신문들은 정치적 이념에서 큰 차이를 보여 왔지만 기후변화 문제에서는 대동소이한 프레임이었다는 점은 두드러지면서도 흥미로운 특징이다. 동아일보와 한겨레는 각 프레임에서 큰 차이를 보이지 않았고 기후변화에 대한 태도에서도 같이 '옹호' 프레임이면서 각각 87.8%와 86.7%로 비슷했다. Ellis & Thompson은 신 환경패러다임의 가치와 신념을 우파보다는 좌파가 더 지지하는 것으로 나타났다면서 환경 문제에 대해 보수주의자 혹은 우파는 비판적이고 좌파나 진보주의자는 긍정적일 것으로 기대할 수 있다[24]고 보았는데 이 전망은 여기서는 예외였다.

주제별 기사 분석에서 여러 가지 진보-보수간 특징들을 확인할 수 있었는데 우선 진보 신문들은 기후변화 논란 자체를 좀처럼 취급하지 않았다. 기후변화 비판론의 논지가 반론으로서 충분한 과학적 사실을 바탕으로 하고 있지 않다면 논쟁이라는 표현 자체가 기후변화 현상에 대한 비정상적인 왜곡일 수

24 박종민 외, 「환경가치와 신념의 근원」, 『한국행정학회보』 제34권 4호, 2005, 375쪽.

있다. 언론은 논쟁적 과학이슈를 보도할 때 다양한 관점을 균형잡힌 방식으로 제시해 보도의 객관성을 충족시키려고 한다. Dunwoody & Peters은 균형성을 가진 보도가 항상 정확한 것은 아니라고, Nelkin은 양측의 균형만 맞추는 것은 일반 대중들이 상이한 과학적 관점을 정확하게 이해하는데 도움이 되지 못한다고 지적했다.[25]

이와 같이 진보-보수 신문은 동일하거나 유사한 사안에 대해 각기 판이한 프레임으로 접근하고 있었다. 하지만 미국의 진보-보수 신문들은 기후변화에 대한 본질적인 프레임 차이를 보인 반면 한국의 진보-보수 신문들은 정치적 이념의 차이를 보였다. 아래의 진보-보수 신문간 보도 프레임을 보면 이런 특징들을 확인할 수 있다.

4. 나오는 말-'합리적 의사소통'을 위하여

한국과 미국의 신문들은 뉴스 프레임에서 몇 가지 의미 있는 특징과 차이를 보였는데 이는 두 나라 기후변화 보도 양상이 왜 다른지를 이해하는데 유용한 열쇠가 될 수 있다.

첫째, 한국과 미국 신문들의 기후변화에 대한 태도는 전반적으로 '옹호' 프레임이 지배적이었다. '옹호' 프레임의 내용을 이루는 '교조주의', '환경붕괴', '기후적응' 프레임이 70.1%를 차지했다. 회의론의 확산에도 두 나라 언론의 전반적인 경향은 옹호론에 가까웠다.

둘째, 미국 신문들은 진보-보수에 따라 기후변화 프레임이 확연히 다른 반

25 임인재 외, 위의 논문, 477쪽.

면 한국 신문들은 거의 차이가 없었다. 이런 특성 때문에 국가별 분석에서 서로 완전히 다른 결론에 도달하고 있었다. 국민 전반의 인식으로 볼 때 프레임의 다양성과 획일성은 큰 영향을 미칠 수 있다.

셋째, 한국과 미국 신문들은 기후변화에 대한 중점 의제에서도 큰 차이를 보였다. 한국 신문들은 기후변화 대응이나 적응을 강조했지만 미국 신문들은 기후변화를 논쟁적 이슈로 다루었다. 한국 신문들은 '온실가스 감축? 이젠 기후적응 얘기할 때'라는 헤드라인에서 보듯 제대로 다뤄보지도 않은 기후변화 논란을 시절 지난 논쟁처럼 접근하고 있다.

넷째, 기후변화에 대한 미국 사회의 프레임 균형은 개별 매체의 균형적 보도 보다는 매체 전체의 다양성 때문에 가능했다. 하지만 미국의 언론들은 '옹호'와 '비판' 프레임이 공존해 다양성과 균형을 확보할 수 있었다. 한국 언론이 기후변화를 논쟁적으로 다루지 않은 이유는 우선적으로 환경 문제에 대한 토론의 일천한 역사를 들지 않을 수 없다. 미국에서 환경NGO의 조직규모와 영향력이 증대하기 시작한 것은 1970년대였지만 한국의 본격적인 환경운동은 다른 시민운동과 마찬가지로 80년대 말부터 시작되었다.[26]

다섯째, 한국 언론의 비관주의적 보도 경향이다. 이런 경향은 암울한 미래에 더 집착하게 만든다. 환경뉴스에서 언론이 부정적인 뉴스에 보다 더 치중하는 것은 긍정적인 뉴스 보도의 경우 진행되는 사회변화를 포착하기 위해 장기적이고 지속적인 노력과 시간이 요구되지만 부정적인 보도는 보다 쉽게 그리고 짧은 시간에 가능하기 때문이라는 분석도 있다.

다섯째, 전문가 집단의 집단주의와 침묵이다. '회의적 환경주의자'의 번역자로 기후변화 연구자인 홍욱희[27]는 e-메일 인터뷰에서 "한국의 과학자들은

---

26 정정화. (2008). '정부와 NGO의 관계 비교연구-미국, 일본, 한국의 환경NGO를 중심으로', 『한국사회와 행정연구』 제17권 제1호, 2008.

27 홍욱희는 기후변화 회의론자인 비외른 롬보로의 "회의적 환경주의자"를 비롯해 많은 환경 관련 책을 번역하거나 저술했다. 환경문제에 대해 아무런 문제의식 없이 공포만을 강조하는 학계 분위기에 비판적이다.

기후변화를 비롯한 여러 과학적 사안과 관련해 주류적인 견해를 거슬러 다른 견해들을 수용하지 못한다"고 말했다. 국내 전문가 집단에 '침묵의 나선효과'가 이런 더욱 문제를 심각하게 만든다는 지적도 있다. Noelle Neumann은 사람들은 자신의 의견이 소수에 속한다거나 여론이 자신의 의견과 다른 방향으로 변하고 있다고 느끼면 침묵하려는 경향이 있는데 이는 나선형의 모형을 띤다며 '침묵의 나선' 이론을 제기했다.[28] 조선일보 박은호 환경전문기자가 기후변화에 침묵하는 국내 전문가 집단의 현실에 대해 답답함을 토로했다는 것은 앞서 소개한바 있다.

여섯째, 정부의 녹색성장 정책의 영향이다. 우리 언론이 기후변화 논쟁에 대한 토론을 건너뛰고 곧바로 대책과 적응 논의에 들어간 것은 2008년 출범한 이명박 정부가 '저탄소 녹색성장'을 핵심 국정목표로 잡은 것과 무관치 않다는 분석이 나오고 있다. 한국 언론의 보도는 하버마스의 의사소통행위 개념에서 문제를 지적할 수 있다. 가장 결정적으로 한국 언론은 의사소통에서 상호이해의 바탕을 인정하고 있지 않다. 하버마스는 다른 의사소통 참여자에 대한 승인[29]을 의사소통의 전제로 하고 있는데 한국 언론의 태도는 일방적이었다. 인터넷만 찾아봐도 또 기후변화에 대한 외신 뉴스만 검색해도 무수한 기후변화 회의론을 만날 수 있는데 한국 언론은 음모론 정도로 치부한 측면이 크다. 하버마스는 타당성 요구 개념에 따르면 우리가 처음부터 대화 상대자의 비이성을 가정한다면 타당성 요구는 더 이상 조금도 진지하게 검토될 수 없다. 하버마스의 합리적 합의는 외부세계를 조작하려는 과학사회의 인식관심을 드러내 주었다. 하버마스의 합의이론은 진술의 참과 규범의 옳음을 위한 조건을 규명했다. 그는 합의이론을 이론적 논의와 실천적 논의의 두 형식으로 나누었었고 의사소통의 형식조건에 따르는 구조를 분석했다. 그런데

28 Elisabeth Noelle-Neumann, The spiral of silence: A Theory of public opinion, Journal of Communication, 1966, pp.43~51

29 발터 레제-쉐퍼, 선우현 옮김, 『하버마스-철학과 사회이론』, 거름, 1998. 46쪽.

대화에 참여하는 사람들이 합의를 기만할 수도 있기 때문에 모든 합의가 참다운 합의로 귀결되는 것은 아니다. 하버마스는 참다운 합의와 관련하여 이상적 언어상황의 조건을 제시했다. 이상적 언어상황의 조건은 체계적으로 왜곡된 의사소통을 모든 지배에서 자유롭게 벗어나 참다운 합의에 도달하기 위한 평등한 기회를 보장받아야 하는 전제조건이 있다. 이러한 평등한 기회를 보장한 상황에서 이끌어낸 참된 합의는 규범의 적합성을 마련하는 근거가 된다. 그러나 그 기준은 합의에 상응하는 다양한 정당화의 조건이어야 한다.[30] 이러한 합의의 조건이 충족될 때 이상적 언어상황은 보편적 합의에 도달할 수 있다. 이러한 합의의 조건을 실행하기 위해서 이해가능성, 진리, 적합성, 진실성이라는 네 가지 타당성의 조건을 충족해야 한다.

첫째 화자(話者)의 말이 청자에게 이해 가능해야 한다(이해 가능성). 이는 화자와 청자사이에 실제적으로 의사소통을 위한 기본적인 조건이다. 둘째, 화자의 말이 명제적 차원에서 거짓이 아니어야 한다(진리성). 화자가 거짓된 명제를 알려주었다면, 비록 화자가 결과가 우연적으로 산출되었다고 할지라도 논리적으로 참된 의사소통일 수 없다. 셋째, 아무리 화자가 참된 명제를 전달했다고 하더라도 그 말이 효과가 있으려면 화자와 청자사이에 형성된 관계가 부합해야 한다(적합성). 넷째. 화자는 진실한 자세로 말해야 한다(진실성). 그렇지 않으면, 청자는 그의 말을 거부할 것이고 이는 곧 의사소통의 불통을 초래할 것이다. 하버마스는 이러한 네 가지 의사소통의 조건을' 타당성 요구'로 정의한다. 이 타당성의 요구가 완벽하게 실현될 때, 비로소 참된 의사소통이 이루어진다.[31] 이러한 논의가 방해 없이 진행된다면, 그 결과는 참된 합의라 말할 수 있다. 동시에 합의의 참과 거짓을 결정하는 기준은 이상적 언어상황의 조건충족이 마련되어야 한다. 따라서 하버마스의 이론을 지지하는 철학자들은

---

30 양해림, 「하버마스: 의사소통행위의 해석학」, 『현대해석학강의』, 집문당, 2011, 170-171쪽.

31 양해림, 앞의 책, 178쪽.

대화상대방의 비이성을 전제하는 것은 스탈린주의의 궤변이나 다름없다고 비판한다.[32] 한국 언론이 그런 오류에 빠져 있지 않았는지 진지한 반성이 요구된다.

32 앞의 책, 48~49쪽. "스탈린주의자들은 이런 상황에서 그들만의 고유한 '궤변'을 늘어놓는 경향이 있었다. 그것은 다음과 같다. 상대방(적)의 입에서 나오는 진리는 우리의 계급적 적에게 이바지 하는 것이며 우리는 그런 진리에 대해 이의를 제기해야 한다. 그와 동시에 비록 우리 자신도 거짓을 말하지만 이것은 보다 고귀한 진리를 위해, 즉 정당한 계급적 관점에서 거짓을 말하는 것이다."

참고문헌

비외른 롬보르, 『쿨 잇』, 살림, 2009.

강윤재, 『세상을 바꾼 과학 논쟁』, 궁리, 2011.

김학수 외, 『과학커뮤니케이션론』, 일진사, 2009.

최재천 외. 『기후변화교과서』, 환경재단도요새, 2011.

강상준, 「기후변화에 대한 이해와 논의」,삼성경제연구소, 2010.

강희찬 외, 「기후변화, 한국기업에 위기인가 기회인가」, 삼성경제연구소, 2009.

김명심 외, 「기후게이트와 기후과학 논쟁」, 『환경사회학연구』, 2011.

김수정 외, 「생명과학 뉴스에 대한 한국과 미국의 뉴스 프레임 비교연구」, 『한국언론학회보』 제49권 6호, 2005.

김현철 외, 「한국 일간신문의 기후변화 관련 뉴스 프레임 변화」, 『사회학연구』, 2011.

박종민 외, (2004). 「다원적 무지, 침묵의 나선, 제3자 효과, 그리고 상호 지향성 모델의 개념적 비교」, 한국언론학괴 언론과 사회 연구회 세미나, 2004.

박종민 외, 「환경가치와 신념의 근원」, 『한국행정학회보』 제34권 4호, 2005.

박선희,「언론 개혁에 관한 인터넷 뉴스 프레임 분석」,『한국방송학회보』 15권, 2011.

박재영 외, 「한미 신문의 의견기사에 나타난 한국기자와 미국기자의 사고습관 차이」, 『한국언론학회보』, 2009.

박희제, 「기후변화 논쟁을 통해 본 환경 과학의 역할과 성격」, 『환경사회학연구』 제12권 1호, 2008.

반현 외, 「한국 경제에 관한 국내외 언론 보도경향 비교분석 연구」, 『한국언론학회보』 54권 5호, 2010.

송해룡 외, 「과학기술 위험보도에 관한 수용자 인식연구」, 『한국언론학회보』 제49권 3호, 2005.

양해림, 「하버마스: 의사소통행위의 해석학」, 『현대해석학강의』, 집문당, 2011.

윤순진 외, 「4대강 사업에 대한 TV뉴스의 의제 설정과 프레임」, 『환경사회학연구』 14권 1호, 2010.

정경화, 「정부와 NGO의 관계 비교연구-미국, 일본, 한국의 환경 NGO를 중심으로」, 『한국사회와 행정연구』 제17권 제1호, 2008.

조명래, 「기후변화 시대의 민주주의와 녹색정치」, 『환경과 생명』, 2010.

한균태 외,「국내 신문의 환경이슈 보도에 대한 프레이밍 연구」,『방송학회보』, 2004.
Bill McKibben, 김영아 옮김,「기후변화 과학에 대한 공격」,『창작과 비평』통권 148호, 2010.

[웹사이트]

[1]*http://asia.wsj.com*, "*Time for a Climate Change Plan B*", 2009. 12. 22

[2]*http://www.hani.co.kr*, "기후변화 정책 강화 필요' 한국 81% 1위", 2009. 8. 4

[3]*http://www.pressian.com*, "지구온난화에 대한 美 국민 신뢰 추락", 2010. 2. 2

[4]*http://www.yaleclimatemediaforum.org*.

06

충청권 지방정부의 기후변화 대응정책 현황과 과제

김종남(대전시민사회연구소 부소장)

06

충청권 지방정부의 기후변화 대응정책 현황과 과제[1]

김종남(대전시민사회연구소 부소장)

1. 기후변화와 충청지역 환경영향

지난 100년간의 기후변화에 따른 온도변화 추이를 보면 우리나라 6대 도시 평균 기온은 약 1.7℃ 상승한 것으로 나온다. 같은 기간에 세계 평균기온이 0.7℃ 상승한 데 비하면 약 2.4배로 우리나라 대도시의 기온상승이 매우 높았음을 알 수 있다. 연평균 강수량도 의미 있는 변화가 확인되는데, 지난 100년간(1912~2008년) 6대 도시 평균은 19% 증가했고, 강우강도도 1970년 대비 2배 증가(80㎜/일 이상 폭우 빈도 기준) 해 기후변화에 따른 재해의 강도도 커졌다고 볼 수

1 대전, 충남, 세종의 기후변화 완화 및 적응을 위한 기후정책 관련하여 성과와 한계를 개략적으로 짚어본 것으로 이 글에서 사용한 주요 통계와 정책내용은 3개 시 · 도의 관련 계획이나 보고자료에 의한 것임을 밝혀둔다.

있다.

충남 연안지역에 영향을 미치는 해수면은 43년간(1964-2006) 약 8cm(연평균 1.9mm) 상승해 세계평균과 유사하나 해수면 표면수온은 최근 41년간 평균 1.3 상승(세계평균은 0.5℃)해 어업생산에 적지 않은 영향을 미칠 것으로 보인다. 현재까지 나타난 기후변화의 양상은 인간의 소비행동과 제도가 현재와 같은 경향을 유지한다면 가까운 미래에 더욱 심각한 결과를 초래할 것임을 예고하고 있다.

충남도에 따르면 충남지역은 지난 1996~2005년에 비해 2050년에는 기온이 3.3℃까지 올라갈 것으로 예측돼 극한기후현상이 앞으로 더 빈번하게 나타날 것이라 한다. 폭염, 열대야 등 고온현상이 4~5배 증가하는가 하면, 일 강수량 80mm이상의 집중호우 일수는 2050년에 60%이상 증가할 것이라고 예측하고 있다. 이러한 상황에서 기후변화 국가정책에 따른 중앙정부의 요구가 아니라도 지역주민의 안전과 생명, 재산권 보호와 기후변화에 따른 사회・경제・환경적 재난을 최소화하기 위해 지방정부 차원의 기후변화 대응정책 수립은 필수적이며, 기후변화완화에 필요한 지역정책 집행 및 장기적인 시스템 전환을 모색해야 할 의무가 지방정부에 있다.

이 글은 기후변화가 충청권 3개 지방정부 정책에 어떻게 반영돼 있는지를 알아보고, 그 성과와 한계를 살펴본 후 중장기적으로 어떤 변화가 필요한 지를 제안하고자 하는 취지로 작성되었다.

2. 충청권 지방정부의 기후변화대응 행정 분석[2]

1) 국가 온실가스 배출량 변화추이와 감축 목표[3]

(1) 목표 설정 및 과제 도출

정부는 2030년에 적용되는 1,2차 에너지기본계획을 통해 2008년 83%를 차지하는 화석에너지 비중을 2030년 61%로 낮추는 한편, 신재생에너지 비중을 11%, 원자력을 28%로 대체하는 계획을 수립해 추진 중이다. 이를 통해 2020년 온실가스 배출전망치(BAU)인 8억13백만tCO_2eq의 30%를 감축하겠다는 것이다. 또한 부문별 에너지 수요관리와 시스템개선을 통한 에너지 효율화, 녹색산업과 신재생에너지산업 육성 등 중장기적 전략을 구사해 온실가스 감축 목표에 도달한다는 계획이다.

그러나 2012년 기준, 우리나라의 온실가스 총배출량은 10년 전인 2002년 대비 28.3% 증가한 688.3백만tCO_2eq로서 목표달성을 위해서는 가히 혁명적인 노력이 요구된다 하겠다. 부문별 온실가스 배출량 증가를 살펴보면 에너지소비가 온실가스 배출량 증가를 주도하는 것으로 나타나는데 2012년에는 2002년 대비 34.9%가 증가했고, 분야별 배출 비중도 에너지가 87.2%로 가장 높고 증가폭도 가장 가파르다. 그 다음은 산업공정(7.5%)과 농업(3.2%), 폐기물(2.2%)순으로 온실가스 기여율은 상대적으로 낮은 편이다.

2 관련 내용은 대부분 3개 지방정부의 행정백서와 홈페이지에 공개된 기후변화행정에서 가져온 것으로 관련 정보의 공개가 잘 돼 있는 충남도에 비해 대전과 세종의 경우는 공개내용이 적어 시 · 도별 기후변화 대응 정책과 성과로 기술한 분량에서 차이가 있다.

3 관련 표와 통계 자료는 통계청과 온실가스종합정보센터의 홈페이지에서 가져왔다.

〈표 1〉 2000년~2012년 사이 국가온실가스 배출량 변화 추이

(단위: 백만tCO_2eq)

구분	총배출량	에너지	산업공정	농업	폐기물	순배출량	LULUCF
2000	503.1	411.9	49.6	23.7	17.8	444.1	-58.9
2002	536.6	445	51.7	22.2	17.6	480.6	-56
2003	547	452.7	54.9	21.7	17.7	489.8	-57.2
2004	556.2	460.8	57.2	21.6	16.6	501	-55.2
2005	559.9	468.8	53.9	21.5	15.7	503.3	-56.6
2006	565.3	475.3	52.6	21.4	16	508	-57.3
2007	582.8	494.3	52.3	21.4	14.7	524.7	-58.1
2008	595.7	508.6	51.1	21.5	14.5	538.2	-57.5
2009	597.8	514.9	46.6	21.8	14.5	543.1	-54.7
2010	657.1	568.6	52.4	22	14.1	602.3	-54.9
2011	685.7	597.6	51.7	21.9	14.6	634.5	-51.3
2012	688.3	600.3	51.3	22	14.8	637.4	-50.9

(자료출처: 온실가스종합정보센터, 국가 온실가스 배출량 통계 재구성)

〈표 2〉 2012년 온실가스 분야별 배출현황

(단위: 백만tCO_2eq)

분야	에너지	농업	산업공정	LULUCF	폐기물	총배출량	순배출량
2012년	600.3	51.3	22.0	-50.9	14.8	688.3	637.4
배출비중	87.2%	7.4%	3.2%	-7.4%	2.2%	100%	92.6%
증가율	0.4%	-0.8%	0.6%	0.7%	1.6%	0.4%	0.5%
2011년	597.6	51.6	21.9	-51.3	14.6	685.7	634.5

위와 같은 평가와 전망 아래서 정부는 다음과 같이 온실가스감축 정책추진 방향을 세우고 부문별 과제를 설정하여 부처별, 전국적으로 시행하고 있는 중이다. 국가에너지계획을 통해 에너지소비 합리화와 효율개선, 신재생에너지 확대, 국민적 녹색생활실천운동 등을 추진하는 한편 탄소배출권거래제 도입, 온실가스감축 목표관리제 시행 등을 통해 공공과 산업계를 견인하고 있다.

〈표 3〉 국가 온실가스 감축 정책 추진방향

건물부문	저탄소 설계기준 강화 그린홈 · 그린빌딩 확대 건물에너지효율등급 인증, 친환경건축물 인증제 적용대상 확대 건물에너지관리시스템(BEMS) 확대 저효율기기퇴치, 고효율기기 교체 신재생 에너지 이용활성화 유도
교통부문	저탄소 교통 · 물류체계 개편 저탄소 · 고효율 자동차 확대 - 그린카 보급목표('12) 13만대
산업부문	자발적 감축 강화 ,성과관리체계 구축 에너지절약시설(ESCO)사업 활성화
폐기물부문	폐기물 발생억제, 발생된 폐기물 재활용 에너지화 - 가연성폐기물 및 유기성폐자원 40%이상 에너지화 저탄소 녹색마을 시범조성 추진
농축수산물부문	질소계비료 사용억제, 친환경 유기질 비료 공급 발효기술개발 및 가축분뇨의 자원화 환경친화형 포장기술 개발

(자료출처: 녹색성장위원회, 녹색성장 국가전략 및 5개년 계획, 2009)

〈표 4〉 탄소발생량 관리 및 감축 추진방향

저탄소 자원순환사회 구현	자원순환의 날 제정 운영 자원순환행사 연계 추진 친환경음식문화 조성 및 나눔장터 활성화 친환경 음식문화 조성 음식문화 개선 교육 · 홍보를 통한 음식물류 폐기물 감량 촉진
탄소흡수원 확충	산림의 탄소흡수원 확대 유휴토지조림, 숲가꾸기 탄소흡수원 확충 산림 탄소순환 마을 조성 - 바이오순환림 조성 ('13) 50천ha 조성 목재 펠릿 생산 이용 확대 - 목재펠릿 생산시설 확충 및 수급 인프라 구축(2013) 411천톤 - 펠릿 보일러 보급('13) 37천대 - 시설원예 경유난방 20% 목재펠릿 대체 목재펠릿 대체율 ('12)20% → ('30) 30% 글로벌 산림시장 개척
탄소 순환 저장 바다 숲 확대 및 친환경 농업보급	탄소순환 저장 바다숲 조성 ('12) 7천ha 조성 → ('30) 35천ha 농업부문 탄소저장 및 저탄소 농업기술 개발 탄소순환 - 가축분뇨자원화 위한 바이오가스시스템 개발 및 보급 - 축산농가 공동자원화 시설 보급 - 저탄소 농업기술 개발 탄소순환 모델개발 - 에너지 및 자원순환형 친환경 농업모델 개발

(자료출처: 녹색성장위원회, 녹색성장 국가전략 및 5개년 계획, 2009)

2) 대전광역시의 기후행정[4]

대전시는 앞서 기술한 정부의 녹색성장 정책에 맞춰 2020년 온실가스 배출 전망치(BAU)[5] 대비 30% 감축을 목표로 온실가스 감축 종합계획을 마련(2010.4)하고 분야별로 사업을 추진하고 있다. 또한, 2012년 건강, 재난 · 재해, 산림,

4 대전광역시 시정백서(2013년)와 환경백서(2013)에서 가져온 것으로 2012년까지의 기후변화 대응 행정을 담고 있다.

5 대전시의 온실가스 배출량 통계자료가 충분하지 않은 가운데 2020년 배출량을 11,884,063tCO_2로 추정하고 있다.

농업 등 8개 분야에 37개 세부과제를 선정하여 대응사업을 시행함으로써 온실가스 감축 효과 달성을 기대하고 있다.

〈그림 1〉 저탄소도시 대전 정책목표와 핵심과제 도해

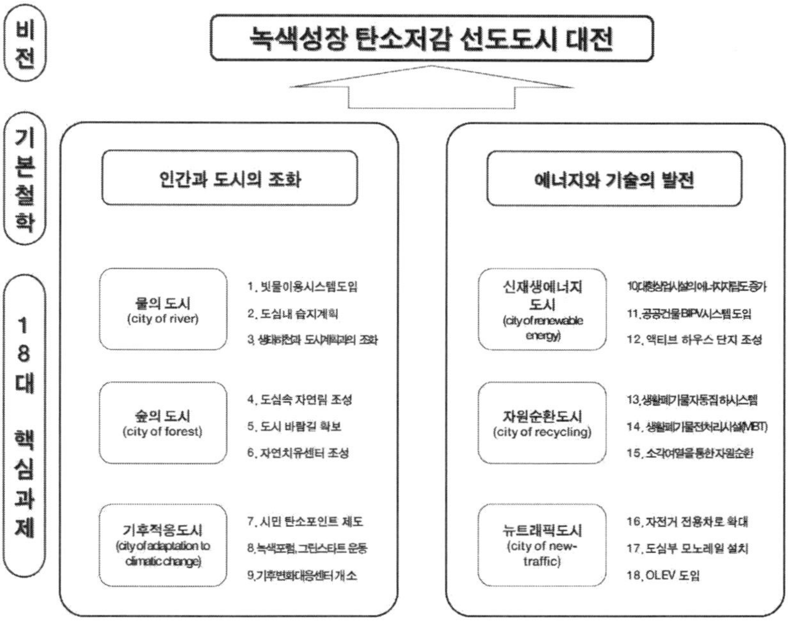

(자료출처: 대전광역시 환경백서 2013)

(2) 환경기후행정 현황

◎ 대전시의 에너지 소비량

대전시의 최종에너지 소비량은 국제유가와 경제상황에 따라 변동은 있으나 꾸준히 증가하는 추세를 보이고 있다. 지속적인 도시개발로 인한 시가지의 확장, 인구 · 세대와 1인 가구의 증가, 경제력 증가와 삶의 질 향상에 따른 것으로 추정된다.

〈표 5〉 대전시 최종에너지 소비량 변화추이

(단위: 천toe)

연도	석탄	석유	전력	도시가스	기타	합계
2013	67(2.5)	831(30.4)	983(36.0)	792(29.0)	57(2.1)	2,730(100)
2012	47(1.6)	1,171(40.1)	829(28.4)	825(28.2)	51(1.7)	2,923(100)
2011	49(1.9)	1,037(40.7)	779(30.6)	634(24.9)	47(1.8)	2,546(100)
2010	47(1.9)	890(37.5)	717(30.3)	678(28.6)	38(1.6)	2,370(100)
2009	52(2.2)	998(41.3)	707(29.2)	621(25.7)	41(1.7)	2,418(100)

(괄호 안은 비중)

에너지 이용형태별 온실가스 배출량은 수송이 31.5%로 가장 높고, 산업이 14.8%, 가정 · 상업이 9.4%, 공공이 4.3% 순으로 수송에너지 소비감축 대책이 시급한 것으로 나타났다. 같은 시기 국가수준에서는 산업부문이 32.4%, 전환 36.7%, 수송 19.4%, 가정 · 상업 10.6%, 공공 · 기타 0.6% 순으로 대전이 에너지소비와 수송 분야 배출량이 전국 대비 높은 것을 알 수 있다.

◎온실가스 배출량 변화 추이

대전시의 온실가스 배출량은 2007년 9,355,205tCO_2로 2000년 8,159,674tCO_2에 비해 14.7%가 증가했다. 같은 기간 국가 수준의 온실가스 배출량은 2000년 4억6천만tCO_2에서 2007년 6억2천만tCO_2로 증가해 34.8%의 증가율을 보여 대전의 온실가스 배출증가율이 국가수준에 비해 상대적으로 낮은 것으로 나타났다.

부문별 배출량을 보면 에너지소비에서 94.1%, 환경부문 5.7%, 농축산부문이 0.2%를 차지해 에너지부문 온실가스 배출비중이 전국 평균(87.2%)이나 다른 대도시 지역에 비해 비중이 월등하게 높아 대전시 온실가스 감축행정에서 최대의 과제가 에너지 소비부문 감축임을 알 수 있다.

〈표 6〉 대전시의 부문별 온실가스 배출량 (2007)

(단위: 천tCO_2)

구분	에너지	환경	농축산	임업	순배출량	총배출량
배출량	8,802	532	21	-36	9,319	9,355
배출비중	94.1%	5.7%	0.2%		99.6%	100%

◎기후행정

-신 · 재생에너지 생산량 확대

2011년 기준 대전시의 신 · 재생에너지 생산량은 총50,894toe로 태양열 812toe (1.6%), 태양광 1,127toe(2.2%), 바이오 4,271toe(8.4%), 풍력 75toe, 연료전지 20toe, 폐기물 43352toe(85.2%), 지열 1,236toe(2.4%)이다. 전국의 신 · 재생에너지 생산량 7백582천846toe의 0.7%에 그치는 숫자다. 그나마 93.6%가 폐기물소각과 유기물 처리에서 나오는 것으로 사실상 재생에너지 도입 실적은 미미한 수준이다.

대전의 신 · 재생에너지 생산량 변화추이는 2005년 39,154toe에서 2010년 46,229 toe로 5년간 3% 성장률을 보여 39,421toe(2010년)에 그친 광주광역시 다음으로 신 · 재생에너지 투자가 적다.

〈표 7〉 지역별 신 · 재생에너지 생산규모 변화[6]

구분	2002		2010		연평균증가율
	천toe	전국비중	천toe	전국비중	(2002~2010)
서울	89	3.0	224	3.7	12.2
부산	68	2.3	93	1.5	4.0
대구	55	1.9	169	2.8	15.1
인천	156	5.3	314	5.2	9.1
광주	26	0.9	39	0.6	5.2
대전	26	0.9	46	0.8	7.4
울산	427	14.6	458	7.6	0.9
경기	364	12.4	821	13.5	10.7
강원	151	5.2	536	8.8	17.2
충북	114	3.9	332	5.5	14.3
충남	112	3.8	86	1.4	-3.2
전북	73	2.5	311	5.1	19.9
전남	940	32.1	1,661	27.4	7.4
경북	225	7.7	706	11.6	15.4
경남	94	3.2	208	3.4	10.4
제주	8	0.3	58	1.0	28.1
전국합계	2,928	100	6,062	100	9.5

(자료출처: 충청남도 지역에너지계획, 2013)

-탄소흡수원 확충

저탄소 정책으로서 숲의 도시를 표방한 대전시는 이산화탄소를 흡수할 도시림 확충사업을 다양하게 추진하고 있는데 이미 도시화된 공간을 생활권 녹지로 되돌리는 사업들이 대부분이다. 대전시는 전체면적 542.1㎢의 53.0%인 286㎢가 임야로 30,175ha(국유 4,756ha 민유 25,419ha)에 해당하는 탄소흡수원을 보

6 충남지역에너지계획 P.48에서 인용

유하고 있으며, 대부분이 개발제한구역과 공원구역이어서 산림환경이 비교적 잘 보존돼 있다. 따라서 대전시 산림행정은 산림을 보전하고 늘리는 일 보다는 산림이용에 대한 관심이 크고, 시민의 휴식과 건강증진을 위한 등산로 개설이나 공원조성 사업의 비중이 크다.

기후변화에 대응해서는 2003년부터 2013년까지 도시근교에 766ha의 조림을 실시했고, 숲과 꽃의 녹색도시 조성 마스터플랜(2010년)에 따라 2014년까지 4년간 1,632억원을 투자해 연간 200만 그루의 나무를 심고 있다.

-에너지 소비 합리화

대기전력 절전 제어시스템 구축, 공공건물에 고효율 에너지 기기 보급, LED교통신호등 교체, 건축물 에너지소비 절감 위한 저소득층 주거개선 사업, 에너지 다소비 업체(연간 2000toe 이상) 48개소와의 자발적 협약 체결, 공공기관 승용차 5일제 실시, 민간의 승용차 요일제 확인시스템 구축 등 에너지 소비를 줄이기 위한 공공, 민간 영역의 사업을 적극 실시하고 있다.

-녹색생활실천 확산

2010년부터 4년간 1천명의 기후강사 양성 및 청소년과 시민 2만명을 대상으로 한 기후변화교육, 1500명이 참여하는 도시열섬효과 측정 및 열지도 작성, 50여 공동주택이 참여하는 녹색아파트경진대회, 도시텃밭사업 등 민관 거버넌스 활동인 그린스타트운동을 지원하고, 그린카드 · 탄소포인트제 시행 및 홍보활동을 통해 시민들이 기후보호 행동에 참여하도록 유도하고 있다.

3) 충청남도의 기후변화 행정[7]

(1) 목표설정과 과제 도출

충청남도는 국가에너지기본계획을 토대로 2012년 "지속가능한 경제 · 사회 · 환경을 위한 충남 지역에너지 종합계획"을 수립했다. 이 계획에서 충남은 2020년 온실가스 배출량 감축목표를 BAU 대비 30%로 정하는 한편, 신재생에너지 보급률은 5%로 확대하고 에너지수요 전망치는 5% 축소하기로 하였다. 이 감축계획에 따르면 2011년부터 2020년까지 총 1,400만톤의 CO_2 감축을 목표로 11조2천5백38억원의 사업비를 투자 할 계획이다.[8]

또한, 저탄소 녹색성장 기본법에 따라 충남 기후변화 적응대책 세부 시행계획을 수립하고 총 7개 분야 66개 사업을 선정하여 사업을 추진하고 있다.

(2) 환경, 에너지, 산업에서의 기후 행정

◎ 충남의 에너지 소비량

충남의 에너지 소비량은 2011년 기준 전국 2위로 전국 에너지 소비량의 16.6%를 차지하며, 연평균 증가율도 타 지역들에 비해 상대적으로 높다[9].

이처럼 가파른 에너지 소비증가는 충남을 넘어 수도권 등에 전기를 공급하는 화력발전소[10]와 석유화학 및 첨단산업 등 에너지 다소비 업종이 충남에 밀집한 가운데 규모가 커지는 국가에너지 공급 및 산업 환경에 따른 것으로 충

---

7 이 부분에서 기술한 내용은 대부분 충청남도 도정백서(2013)와 홈페이지에 게재된 민선5기 사업추진 성과보고, 환경정책 문서에서 가져온 것으로 민선5기 기후변화 대응 충남도정을 반영하고 있다.

8 2013 충남도정백서 p.702 인용.

9 2002년부터 2010년 사이 충남의 최종에너지 소비 증가율은 연평균 5.7%로 전국 최고 수준이다.

10 충남도내에는 총 26기의 화력발전소가 가동 중이다. 보령 8기(400만㎾), 서천 2기(40만㎾), 당진 8기(400만㎾), 태안 8기(400만㎾)가 가동 중이며 총 시설용량은 1,240만㎾에 이른다. 충남은 화력발전소에 의한 온실가스 배출량 억제를 위해 발전소 용량 증설 및 신규허가 시 정부결정 이전에 광역단체장의 의견을 반드시 묻도록 하는 법 개정을 추진할 예정이다 또한, 온실가스 배출량을 상쇄할 탄소배출 저감시설 설치의무화(보령화력의 10MW CO_2 포집설비(CCS)나 연료믹스(석탄가스화 복합화력발전, 바이오연료)를 유도하고 있다.

남도민의 에너지 소비량과 직접적 연관이 있는 것은 아니다.

부문별 에너지 소비량을 살펴보면 산업부문이 81.7%로 전남, 울산에 이어 세 번째로 높다. 산업부문의 에너지 소비비중이 높은 만큼 충남의 에너지 소비는 석탄과 석유 소비에 집중돼 있다. 구체적으로는 석탄이 54.7%, 석유가 37.0%로 최종에너지 소비의 대부분을 차지하고 있다.

〈표 8〉 최종에너지 지역별 부문별 에너지소비 현황 (2010년 기준)

구분	산업		수송		가정상업		공공		합계	
	천toe	비율	천toe	비율	천toe	비율	천toe	비율	천toe	비율
서울	1,023	0.9%	4,846	13.1%	9,153	24.6%	696	15.5%	15,718	8.1%
부산	1,667	1.4%	2,510	6.8%	2,275	6.1%	231	5.1%	6,683	3.4%
대구	1,271	1.1%	1,218	3.3%	1,848	5.0%	232	5.2%	4,569	2.4%
인천	4,115	3.6%	4,351	11.8%	1,933	5.2%	231	5.1%	10,630	5.5%
광주	441	0.4%	822	2.2%	1,038	2.8%	86	1.9%	2,387	1.2%
대전	398	0.3%	779	2.1%	1,268	3.4%	124	2.8%	2,569	1.3%
울산	17,920	15.6%	1,765	4.8%	794	2.1%	265	5.9%	20,744	10.7%
경기	7,700	6.7%	7,910	21.4%	7,451	20.0%	982	21.9%	24,043	12.4%
강원	4,984	4.3%	1,183	3.2%	1,324	3.6%	242	5.4%	7,733	4.0%
충북	3,421	3.0%	1,312	3.6%	1,306	3.5%	152	3.4%	6,191	3.2%
충남	17,542	15.2%	1,993	5.4%	1,650	4.4%	284	6.3%	21,469	11.1%
전북	2,229	1.9%	1,345	3.6%	1,342	3.6%	206	4.6%	5,122	2.6%
전남	34,275	29.8%	1,688	4.6%	1,213	3.3%	169	3.8%	37,345	19.3%
경북	14,473	12.6%	2,226	6.0%	2,173	5.8%	262	5.8%	19,134	9.9%
경남	3,415	3.0%	2,512	6.8%	2,135	5.7%	267	6.0%	8,329	4.3%
제주	278	0.2%	479	1.3%	353	0.9%	57	1.3%	1,167	0.6%
전국	115,152	100.0%	36,939	100.0%	37,256	100.0%	4,486	100.0%	193,836	100%

(자료출처: 충청남도 지역에너지계획, 2013)

◎ 충남의 온실가스 배출량 전망

에너지 소비량이 급증하는 만큼 온실가스 배출량도 연동해 늘어난다. 특히, 충남서북부지역에 발전, 석유화학 등 에너지 다소비 업종이 집적해 있고 국가와 산업의 필요에 따라 생산설비가 증대되면서 충남의 온실가스 배출량 및 대기오염 물질의 증가가 불가피한 상황이다. 2005년 온실가스 배출규모 대비 2020년의 그것은 31.9% 증가할 것으로 예측되는데 현재의 추세대로 충남지역 에너지 소비량이 증가할 경우 불가피할 것으로 보인다.

〈표 9〉 충남의 온실가스 배출량 전망[11]

(단위: 천tCO_2eq)

분 류	2000년	2005년	2020년	2030년
에너지				
-산업	14,041	16,807	23,769	24,833
-수송	3,987	4,990	5,361	5,572
-가정상업	4,565	5,662	6,887	7,316
-공공기타	355	479	520	535
산업공정	3,646	4,801	7,254	7,833
폐기물				
-매립	163	203	210	215
-소각	292	664	623	642
-하 · 폐수	41	45	43	44
농축산				
-농업	483	491	638	635
-축산업	1,270	1,229	1,352	1,393
합 계	28,842	35,371	46,656	49,022

(자료출처: 충남 기후변화대응 종합계획)

◎ 기후행정

충남은 정부의 저탄소 녹색성장 정책에 따라 도정에서도 녹색성장 기본방

11 충남 온실가스 배출량 통계는 자료마다 약간씩 차이가 나므로 숫자의 정확성에 매이지 않길 바란다. 충남 기후변화 대응계획과 국가온실가스종합정보센터, 국가에너지계획 등에서 쓰는 자료에 편차가 있다.

향과 추진전략을 정하고 분야별 세부사업을 수립, 추진 중이다.

세부사업들은 온실가스 감축, 기후변화 · 재해 대응 및 에너지 자립, 녹색기술 · 산업 확대, 녹색인재 양성 및 녹색일자리 창출, 녹색생활 문화 확산, 녹색성장을 위한 추진체계 구축에 관한 것으로 지역에너지계획에 상세한 내용이 제시되어 있다.

2030년까지 적용되는 2차 지역에너지계획과 신 · 재생에너지 기술개발 · 이용 · 보급계획 등 중장기 계획에 기초하여 시기별로 저탄소 녹색성장 시책사업을 집행한 결과, 다음과 같은 성과를 거둔 것으로 보고되어 있다.

(자료출처: 충청남도 홈페이지, 민선5기 사업추진 성과 평가 자료)

-368만tCO_2의 온실가스 감축

기후변화 대응계획에 의해 부문별 온실가스 감축을 위해 노력한 결과 2011년부터 2013년까지 368만tCO_2의 이산화탄소 배출량을 감축하는 성과를 올렸다.

또한, 지방정부로서는 처음으로 기후변화 대응계획 수립 및 지역 산업과 행정의 대응책 마련, 배출권거래제 등 수익사업을 통한 자주재원 확보 등 기후행정의 핵심역량이 될 전문기구로서 서해안 기후환경연구소를 설립(37억원 투입, 2015. 5월 개소)하여 충청권 기후변화행정의 모범을 보여주고 있다.

-신재생에너지 생산 증가

충남의 신 · 재생에너지 생산량은 2011년도 전국 신 · 재생에너지 생산량 7,583천toe의 2.14%인 162천toe로 미미한 수준이나 지속적으로 증가하는 추세에 있다. 신 · 재생에너지 부문별 생산량은 전국적으로 폐기물 폐열이용이 5,122천toe(67.55%)로 가장 비중이 높고, 수력 965천toe(12.73%), 바이오 963천toe(12.7%), 태양광 197천toe(2.6%), 지열 48천toe(0.63%) 순이다.

충남의 신 · 재생에너지 부문별 생산량은 폐기물이 109천toe로 67.28%의 비중을 차지하고, 다음으로는 바이오 15천toe(9.26%), 수력 15천toe(9.26%), 태양광 13천toe(8.03%), 연료전지 4천toe(2.47%), 태양열 3천toe(1.85%) 순이다.

〈표 10〉 충남 신 · 재생에너지 보급현황(2011년 기준)

(단위: 천toe, %)

구분	합계	태양열	태양광	바이오	풍력	수력	연료전지	폐기물	지열	해양
전국	7,583	28	197	963	186	965	63	5,122	48	11
충남	162	3	13	15	-	15	4	109	3	-
전국대비(%)	2.14	1.07	6.60	1.56	-	1.55	6.35	2.13	6.25	-

(자료출처: 충남 기후변화대응 종합계획)

신 · 재생에너지 보급 확대를 위행 충청남도는 1999년부터 2012년까지 지역지원(지방보급) 및 주택지원(그린홈보급) 사업으로 태양광 · 태양열, 소수력발전, 지열, 그린 홈 등 7개 분야 2,903개소에 90,930백만원(국비 49,053, 도비 4,606, 시군비 23,211, 민자 14,060)을 투입해 신재생에너지를 보급했다. 2008년에는 민간자본을 유치해 태안지역에 14MW급 태양광발전단지를 건립했다.

그 결과 6,012toe의 에너지 절감과 15,308톤의 CO_2 감축 효과를 거둔 것으로 자체 평가하고 있다.

-거버넌스를 통한 범도민 녹색생활 실천 확산

충남의 온실가스 배출 비중이 크고 증가율을 선도하고 있는 에너지 다소비 업종에 대하여 충청남도와 산업체간 자발적 온실가스감축 실천협약을 체결해 성과를 내고 있다. 충남도는 도내 4개 화력발전소, 25개 기업과 온실가스감축 실천협약을 체결해 2009년부터 2012년까지 이산화탄소 배출량 156만 tCO_2를 감축했다. 지방정부가 온실가스 감축 위해 산업계와 협력한 수범사례로 평가된다.

또한, 도민참여 온실가스 실천협약 (탄소포인트제, 전력사용 탄력제 등)과 주민 주도형 녹색생활 실천마을을 조성(2곳)해 저탄소 마을만들기 사업을 적극 지원하고 있다.

-산림자원 육성으로 온실가스 흡수 효과

탄소배출량 흡수를 위한 산림면적 확충에도 나서 10,717ha의 조림 면적을 확대했으며, 생활주변, 도로변 공한지 등을 활용한 행복한 삶의 공원을 조성(2011년 392개소→ 2017년 740개소)해 주민휴식처를 제공했다. 담장 허물기와 벽면녹화를 통한 녹색 공간 확보('11년 83 → '17년 223개소), 산림공원, 쌈지공원 조성으로 도시림 확충('11년 36 → '17년 55개소) 등의 사업을 통해 탄소흡수력을 보강하고 도민 1인당 생활권 도시림 면적을 2011년 9.41㎡에서 2017년 11.20㎡으로 확충할 계획이다.

◎ 계획한 온실가스 감축효과 달성의 장애요소

그러나 위와 같은 다양한 온실가스 감축 노력에도 불구하고 지역수요를 넘어 전국적인 에너지수요에 대비하기 위한 국가차원의 발전설비 증설로 충남의 에너지 소비증가율은 급증추세이다. 이에 따라 충남도의 온실가스 감축행정의 성과적 한계가 명확한 상황이다.

충남도의 기후변화 대응을 위한 에너지, 환경, 산림 행정 수행 결과를 종합적으로 정리해 보면 다음 표와 같다. 신재생에너지 생산량은 획기적으로 늘어났고 입목축적량도 소폭 늘어났지만 1인당 에너지소비량이나 온실가스 배출량은 지속적으로 늘어나고 있음을 알 수 있다.

〈표 11〉 충남의 기후변화 대응 행정 성과 표

구분	2009년	2010년	2011년	2012년	2013년
1인당에너지소비량(toe/인)	10.6	10.9	12.3	11.8	12.0
신재생에너지생산량(toe)	104,888	100,514	162,165	872,976	936,507
1인당온실가스배출량(tCO_2/인)	57.4	65.0	69.9	-	-
오존농도(ppm)	0.027	0.025	0.024	0.027	0.028
평균온도(℃)	11.7	11.5	11.5	-	-
갯벌면적 증감(㎢)	358.8	358.8	358.8	358.8	357
ha당 입목축적량(㎥/ha)	100.1	109.7	109.7	109.7	114.6

(자료출처: 충청남도 홈페이지, 재구성)

4) 세종특별자치시의 기후 행정[12]

(1) 기후행정 목표

기후변화를 완화하기 위하여 에너지소비량과 온실가스 배출량을 감축하고 기후변화에 따른 환경, 사회, 경제적 영향에 대해 적응하는 분야별 행정을 펼치기 위해 세종시는 「저탄소 녹색성장 기본법」 시행령 제 38조에 따라 세종시 기후변화 적응대책 세부 시행계획을 수립했다.

이 계획에 따르면 세종시의 온실가스 감축목표는 국가 온실가스 감축목표 및 다른 지방자치단체 온실가스 감축목표와 동일하게 2020년 배출전망치(BAU) 2,907,337tCO_2[13]의 30%인 872,201tCO_2이다.

---

12 여기에 기술한 내용은 세종특별자치시 시정백서(2013)와 세종시 기후변화대책 세부시행계획(2014)에서 가져온 것으로 연기군이 세종시로 승격한 이후의 환경, 에너지 행정을 반영하고 있다.

13 세종시의 2020년도 온실가스 배출량 전망치는 행복도시 건설지역에서 1,266,775tCO_2, 읍면지역에서 1,640,56 tCO_2 가 배출될 것으로 전망된다(행정중심복합도시건설청. 2013. 온실가스 감축 시행계획 수립 및 이행실적 관리방안).

(2) 환경, 에너지부문 행정 현황

◎ 에너지사용량

지난 2012년 7월 1일 세종특별자치시가 출범함에 따라 기반시설 및 생활편의 증진을 위한 주택, 교통, 유통문화시설 등이 확충되기 시작했다. 2012년 한 해 동안 30,518명의 인구가 유입됐고, 4만여호의 주택공급과 도로망 개설에 따라 건물에너지 소비량 및 교통량 증가에 다른 에너지 소비가 급속하게 증가했다. 개청이후 기간이 경과하지 않아 자치시의 유의미한 통계 작성은 미흡한 상황으로 에너지 사용량 통계가 비교적 단순한데, 2012년 에너지원별 사용량을 살펴보면 전력이 1,649,874MWh로 2007년 대비 30.9% 증가했다. 도시가스는 59,020천㎥로 2007년 대비 1.8배 증가했으며, 석유사용량은 156,424㎘에 달한다.

분야별 전력사용량을 살펴보면 산업부문이 65.9%, 상업이 20.7%, 가정이 7.4%, 공공이 6.0%로 산업과 상업부문 전력사용량이 86.6%를 차지한다.

◎ 온실가스 배출량

급속한 인구유입과 도시화에 따라 전통적 농촌도시였던 세종시의 온실가스 배출량은 2012년 기준 2,011,451tCO_2, 온실가스 흡수원인 임업을 포함할 경우 1,789,247tCO_2으로 급속하게 늘어난다(1인당 배출량은 17.8tCO_2).

이는 2000년 대비 2배가 증가한 것으로, 세종시 설치에 따라 공주시 장군면과 청원군 부강면이 편입되고, 정부청사 입지로 인한 인구증가와 도시화의 영향으로 보인다.

에너지, 산업, 폐기물, 농축산 등 부문별 온실가스 배출량을 보면 세종시도 에너지 분야가 총 배출량의 89.1%를 차지해 도시의 특성을 보여주고 있다.

〈표 12〉 세종시의 분야별 온실가스 배출량

(단위: tCO_2)

구분	2000년		2004년		2008년		2012년	
	배출량	%	배출량	%	배출량	%	배출량	%
에너지	864,389	90.6	1,035,134	87.3	1,079,365	90.5	1,791,724	89.1
산업공정	10,616	1.1	18,531	1.6	16,848	1.4	53,192	2.6
폐기물	25,678	2.7	77,420	6.5	36,771	3.1	68,145	3.4
농축산	53,783	5.6	55,151	4.6	60,087	5.0	98,390	4.9

(자료출처 : 세종시 2013 시정백서)

◎ 기후행정

-공공부문 온실가스 · 에너지 목표관리제 추진

세종시청을 포함한 공공기관의 온실가스 배출량 및 에너지 사용량을 2007년부터 2009년까지의 3개년 연평균 배출량(기준배출량)에 비하여 2015년까지 20%이상 감축을 목표로 설정하고 행정을 펼친 결과 2013년 말 기준배출량 대비 12.76%의 온실가스 감축 효과를 거뒀다고 자평하고 있다.

-신재생에너지 확충

2012년 기준으로 신 · 재생에너지 생산량은 폐기물이 5,998,509TOE로 가장 많고, 다음은 바이오 1,334,724TOE, 수력 814,933TOE 순이다.

2010년부터 2013년까지 세종시는 총 631.9kW의 태양광발전 설비를 설치했는데, 대용량은 조치원 하수처리장과 전의면 하수처리장에 있다. 바이오에너지 생산을 위해 자원순환형 축산업을 육성하고, 등곡지구에 일 15톤 처리 규모의 가축분뇨 자원화시설을 설치했다.

-탄소흡수 산림 확충

전체 면적 약 480㎢의 세종시는 54.4%가 임야인 도농복합도시이다. 행정도시 건설계획에 따라 토지이용형태가 급속하게 도시화하는 중으로 산림과 농경지가 계속 줄어들고 있다. 기후변화 대응 행정의 필요에 따라 2012년과 2013년에 걸쳐 147ha의 조림사업(6700만원)을 실시, 급속하게 손실되는 탄소흡수력을 다소간 보강하였다.

-세종 그린스타트 네트워크 활동

세종지역 온실가스 배출량 감축을 위해 활동하는 민관협력의 녹색생활실천기구로 48개 세종지역 기관, 단체, 기업이 참여해 활동하고 있다. 기후강사 양성 및 청소년과 일반인 대상의 기후교육, 도시텃밭 가꾸기 등 녹색생활을 실천하고 홍보하는 활동을 전개하고 있다.

3. 충청권 지방정부 기후변화 대응 정책의 성과와 한계

1) 기후변화 행정 성과

◎ 에너지 수요 관리

3개 시 · 도 모두가 법정 계획인 지역에너지계획을 수립하고 온실가스 감축목표를 제시하고 있다. 목표연도 2020년에 대전과 충남은 BAU대비 30% 감축, 세종은 20% 감축을 선언하고 있으나 사실상 감축 성과는 미미한 수준에 그치고 있다.

인구 증가 및 급속한 도시화에 따른 에너지 소비량 증가와 온실가스 증가량은 지역에너지와 온실가스배출 통계에서 여실히 드러나고 있다. 지역의 토지이용현황과 산업구조가 에너지 소비량 및 소비형태, 온실가스 배출과 밀접한 상관성이 있음이 드러나 향후 저탄소 정책을 펼침에 있어 물리적 공간은 물론 경제와 환경, 사회를 통합하는 접근이 필요함을 알 수 있다.

서비스업 중심의 산업구조와 고밀도시인 대전과 세종의 경우 수요관리정책이 복잡한 반면 제조업과 농업이 비교적 강세인 충남의 경우 온실가스를 감축할 정책수단은 상대적으로 명확하지만 산업과 전환정책 결정에 대한 지방정부의 개입가능성이 낮고 규제수단이 없어 성과를 내기가 어려운 것으로 보인다. 또한, 온실가스를 지역에 배출시키고 부가 지역 외로 빠져나가는 현상에 대해서도 지역주민들의 박탈감이 클 수밖에 없어 보인다. 충남도도 이러한 한계를 인식하고 온실가스 감축목표 이행관리를 위해 정부가 발전소를 늘리거나 용량 증설을 결정하기 전에 지방정부와 협의할 것과 지역지원 재정 반환을 강력히 요구하고 있다.

〈표 13〉 3개 시 · 도의 인구, 산업구조, 경제규모와 온실가스 배출량[14] (2012년 기준)

구분	대전	충남	세종
인구(명)	1,524,583	2,074,918	115,388
지역산업구조(비중)			
-농림어업	0.2%	4.7%	0.2%
-제조업	17.6%	57.3%	10.6%
-건설업	4.2%	6.4%	3.3%
-서비스업	76.8%	28.8%	85.9%
지역내총생산	30.8조(전국비중2.2)	95.3조(전국비중6.9)	-
지역내총소득	34.8조(전국비중2.5)	70.7조(전국비중5.1)	-
온실가스배출량	(2007) 9,319천tCO_2	142,413천tCO_2	1,791,724tCO_2
온실가스감축량	-	148만tCO_2[15]	-

(자료출처: 3개 시 · 도 행정백서와 통계청 2012 지역소득 통계 (재구성)

14 3개 시 · 도 중 충남을 제외하고는 관련 자료가 충분하지 않아 빈 칸이 많다. 검색을 통해 확보한 숫자들은 근거가 불확실하고 오류의 여지가 있어 수록하지 않았다.

15 발전부문을 제외한 감축량

◎ 에너지전환

3개 시·도의 폐기물 처리시설의 폐열 이용과 메탄가스 회수설비, 축산 분뇨와 하수슬러지, 식물성 연료산업 등 바이오에너지 설비, 태양광과 태양열, 지열 등 재생가능에너지 설비 현황과 향후 증설 계획 등을 살펴볼 때 폐기물에서 회수하는 에너지 이외의 재생가능에너지 설비는 지극히 미미한 수준이다.

충남도의 경우 공공복지시설과 주택 606개소에 신재생에너지 시설을 설치하고, 농업용 저수지 4곳(예산 예당, 논산 탑정, 서산 고풍, 보령 청천)에 소수력발전소 설치, 태안 태양광발전단지 조성 외에 환경오염과 온실가스배출의 주범으로 인식된 당진 화력발전단지의 친환경 에너지단지 조성사업, 주요산업단지의 상생산업단지 전환사업에 재생가능에너지사업을 접목하는 것이 가능할 수 있으나 성과를 내지 못하고 있다.

친환경 생태도시로서 저탄소 도시시스템을 적극 도입한 세종시의 경우도 급속한 인구증가와 도시화로 에너지 소비량이 급증하면서 탄소균형을 이루지 못하는 한계를 보이고 있으나 행정도시 건설계획에 의해 세종시에 2030년까지 총 250㎿의 태양광발전시스템 공급이 예정돼 있다.

대전시의 경우도 월평정수장과 전민하수처리장, 엑스포 시민광장을 비롯해 공공건물의 옥상 등에 태양광발전 설비를 도입하고 민간의 설비도입을 지원하고 있으나 신·재생에너지 생산량이 전국에서 가장 적은 도시 중의 하나이다. 다만, 폐기물 처리에 의한 열 회수시설은 점차 증가하는 추세인데 특히 충남은 천안과 서산·당진에 각 200톤/일의 생활폐기물 자원화 집단에너지 시설을 설치할 예정이고, 1일 총 440톤 처리용량의 가축분뇨 에너지생산 시설도 총 9개소에 설치할 계획이어서 사업이 완료되는 시점에서 신·재생에너지 생산량이 늘어날 전망이다.

〈표 14〉 3개 시도의 신재생에너지 발전 현황

구분	2002년		2010년		2011년	
	천toe	전국비중	천toe	전국비중	천toe	전국비중
대전	26	0.9%	46	0.8%		
충남	112	3.8%	86	1.4%	162	2.4%
세종					8,148	

-에너지 자립마을 조성

에너지 소비량을 줄여 온실가스 감축에 접근하고 하는 시도로 공공부문에서의 신 · 재생에너지 보급과 더불어 마을단위 에너지 소비를 절감하는 방안이 추진되고 있다. 에너지 자립마을 조성은 에너지 소비합리화와 대체에너지 생산시설 도입에 의한 에너지자립을 목표로 하지만 현실적으로는 대부분 에너지 소비절약에 초점이 맞춰져 있다.

충청 3개 시 · 도의 에너지 자립마을 조성사업은 저소득층의 에너지 낭비형 노후주택을 개선하는 에너지복지사업과 마을단위 주민집단시설의 고효율기기 전환 등 에너지 효율화사업이 주를 이루고 있다. 다만, 풀뿌리 주민운동에 의한 마을만들기 사업이나 사회적 경제활동의 하나로 재생가능 에너지 생산시설을 도입하는 사례가 일부지역에서 나타나고 있는데 마을어린이도서관 외벽에 재생가능에너지를 도입한 대전 유성자원봉사센터의 마을어린이도서관 햇빛발전소가 있다.

충남도는 중앙정부의 지원으로 공주시 계룡면 금대리에 2011년부터 2013년까지 49억원의 재원을 투입해 마을에너지 자립을 위한 신재생에너지시설 조성사업을 전개했다. 마을주민들의 공동생산지에 지역 110kW, 태양광 20kW, 태양열 480kW를 설치해 온실가스를 감축하며 생산을 유지했다. 민선 5기에 위와 같이 2곳의 에너지 자립마을을 조성했고, 6기에는 이를 더 확대할 방침이다. 농어촌의 기후변화 적응능력 향상을 위한 적정기술 도입과 취약계층의 주택 및 마을단위 주민공동시설을 에너지 저소비형으로 개조하는 주택단열

사업 실시, 기후변화에 따른 농업기술 컨설팅, 적정기술 에듀파크 조성, 적정기술협의회 구성, 운영 지원 등을 통해 공동체 차원의 저탄소 마을 만들기를 지원할 예정이다.

◎ 탄소흡수력 증진

늘어나는 에너지소비로 온실가스 감축의 한계에 부딪힌 정부가 탄소를 흡수, 저장할 수 있는 산림 보호 및 확장에 관심을 갖는 것은 지극히 정상적이다. 3개 시・도가 탄소흡수 및 저장용 숲 조성 사업을 시행하고 있고, 이미 개발된 도심지의 생활권을 중심으로 소규모 공원과 녹지를 적극 조성하고 있다. 그러나 파편화된 녹지 확충 사업을 통해 이산화탄소 증가량을 상쇄할 수는 없으며 획기적인 양의 신・재생에너지의 도입, 도시 및 지역개발의 완화, 교통・주거・에너지원을 통합한 저탄소 도시시스템으로의 전환이 있고서야 탄소중립 도시가 가능할 것이다.

산림정책은 종종 경제와 환경을 동시에 추구하는 것으로 표현되는데 충남도의 기후변화대응 지역특성 산림 확대 전략에서도 그대로 드러난다. 민선 6기에 목재자급률(현재 16%에서 21%로)을 높이기 위해 경제림을 집중 육성(177천ha)하고, 리기다 조림지를 경제수로 갱신한다는 것이다. 기후변화에 대응하기 위해 조림은 하지만 경제적이어야 한다는 것이다.

◎ 기후행정시스템 구축

기후변화 관련한 법정 계획의 수립 및 실행과 관련 정보의 공개 등은 충청권 3개 지방정부에서 대체로 무난하게 이뤄지는 것으로 확인된다. 또한, 폭설과 한파, 폭염과 가뭄, 집중호우 등 기후변화에 의한 환경적, 사회적, 경제적 영향을 줄이기 위한 적응대책 마련은 물론 기후변화를 완화하는 녹색시민실천운동도 적극적으로 지원하고 있는 것으로 나타났다.

그러나 신・재생에너지의 과감한 도입이나 투자확대, 에너지 다소비 산업구조를 개편하는 지역기후변화전략, 도시내부 수송구조 혁신 등 에너지 자립도시 조성이나 저탄소 지방자치를 향한 의욕적 행정은 다소 부진해 보인다.

기후행정은 사후적으로 발생된 오염물질 관리나 인간과 산업, 지역에 미칠 영향을 최소화하는 데 머물러서는 효과를 기대할 수 없다. 온실가스를 방출하는 산업경제, 지역과 도시의 에너지 소비구조, 그리고 정주민인 소비자의 행동까지 연관된 전체 시스템을 기후친화적으로 설계하고 실행할 때 효과를 발휘할 수 있는 것이다.

이러한 관점에서 볼 때 3개 시도의 기후행정은 기성의 행정구조와 관행에서 아주 조금 나아진 것으로 기후변화에 대한 적응행정, 기후변화 속도를 완화하는 최소한의 실천행정에 머물러 있다 할 것이다. 도시의 성장관리나 도시계획의 지속가능성 측면에서는 머지않은 인구정점 이후의 도시공동화와 슬럼화가 우려됨에도 불구하고 신시가지 개발, 산업단지 개발, 지역개발, 그린벨트 해제 등 아직도 성장관점에 머물러 있고 조직과 행정내용의 변화도 감지되지 않는다. 에너지 저소비 건축을 통해서도 성과를 내기 어려운 구조이다. 에너지 소비량이 많은 고층건물들의 에너지효율은 매우 낮아 저소득층 노후주택의 단열과 고효율기기 전환사업으로 급증하는 에너지 소비량을 상쇄할 수 없다. 대중교통 수송분담률이 30%에도 미치지 못하는 상황에서는 가장 크게 증가하는 수송부문 에너지 소비증가율을 낮출 수 없다. 토지지용, 교통, 건축, 에너지효율화에 이르기까지 도시시스템을 근본적으로 전환하는 행정이 되고서야 기후변화행정이 제대로 이행되었다고 평가할 수 있는 것이다.

3개 시도의 에너지소비량 및 온실가스 배출증가량과 도시시스템을 운영하는 행정구조와 내용을 살펴볼 때 기후행정의 혁명적인 변화가 요구된다 하겠다.

다만, 민선 6기 1년이 경과한 시점에서 이전보다 기후행정을 강화하는 흐름이 몇 가지 확인되는데 대전시의 기후대기과 분화와 충남도의 기후환경연구소 설치는 기후변화적응 및 대응을 행정의 주요 대상으로 수용했다는 점에서 긍정적으로 평가할 수 있다.

2) 시민사회의 기후 인식과 정책 영향

저탄소 녹색성장 정책이 전 정부적으로 확산되면서 대전시민사회 안에서도 시민들과 쉽게 할 수 있는 환경실천운동이 확산되기 시작했다. 국민운동단체뿐만 아니라 시민단체에서도 전등 끄기, 대기전력 줄이기 등 에너지 절약운동이나 벼룩시장과 자원재활용운동을 통해 온실가스 감축노력에 동참했다. 이러한 시민사회의 녹색생활실천운동은 의제21과 그린스타트 네트워크 등의 지원에 크게 힘입어 추진되었는데 대전에서 살펴볼 만한 사례가 있다.

하나는, 대전환경연합과 대전그린스타트가 함께 한 도심지 열지도 그리기 사업이다.

지난 2012년부터 시작된 이 사업은 연간 500명의 대전 시민과 청소년들이 참여해 도심 지역의 열을 측정해 지도에 표시함으로써 도심의 미기후와 도시환경의 연관성을 파악하고 이를 도시정책과 연계해 기후변화 완화 대책을 제안하는 사업이다. 4년째 접어들어 측정결과의 활용성을 검토할 수 있고 시민들의 참여율이 높아 시민실천프로그램으로 유용한 사업으로 평가된다.

시민참여 도시 열 지도 작성을 통해 도시계획과 환경, 도로 · 교통과 환경의 연관성을 시민들 스스로 파악할 수 있고, 조사결과에 토대해 도시정책 전환을 제시할 수도 있다. 즉, 도심의 열 이동을 차단하는 고밀도 도시개발을 제한한다거나 바람길 조성사업 확대 즉, 3대 하천 주변 개발 억제와 소하천 복원을 추진하거나 생활권 녹지 확충과 도시녹지 축 연결 등을 적극 제안할 수 있으며, 장기적으로는 도시성장관리의 방향을 제시할 수도 있다. 이 사업과 관련된 연구가 대전발전연구원에서 진행[16]됐는데 1991년부터 2009년 사이 대

16 `대전시 온도변화에 대한 기초연구, 정환도, 대전발전연구원, 2014

전의 도시개발과 도심의 온도변화가 밀접한 연관이 있음이 확인되었고, 둔산, 월평만년, 관평, 노은 등지로의 도시팽창에 따라 도심 온도가 신시가지에서 급속하게 높아지는 것으로 나타났다.

또 하나는, 한밭생협과 한살림, 녹색연합이 함께하는 절전소 사업이다. 이것은 협동조합 조합원들의 자발적 에너지 절약 실천운동으로 기후변화교육을 이수한 시민들이 에너지 절약 실천계획을 스스로 작성하고 실천하며 에너지 소비통계를 근거로 자신과 이웃의 에너지 소비태도를 개선해나가는 시민 실천운동으로 의미가 큰 것으로 나타났다.

다른 하나의 가능성은 충남의 에너지 자립마을 만들기이다. 민간영역의 자발적 운동에서 출발한 것은 아니지만 마을 만들기사업 과정에서 형성된 마을공동체와 지방정부가 협의하여 마을단위의 신・재생에너지 도입을 결정하고 마을경제와 마을생활을 생태적으로 전환함으로써 에너지 자립 및 지속가능한 농촌마을로 거듭날 수 있도록 한 것이다.

위와 같은 시민운동과 지방정부의 협력으로 기후변화에 대한 시민의식은 높은 편이며 환경 및 기후변화에 대한 생활상의 참여와 관심이 지방자치선거에서도 힘을 발휘해 대부분의 단체장 후보가 기후변화정책을 주요한 환경정책의 하나로 제시하고 있다. 권선택 대전시장의 기후변화센터 설치 공약이나 안희정 충남지사의 서해안 기후환경연구소 설립공약 및 이행은 그 상징일 것이다.

4. 저탄소 시스템으로의 전환을 꿈꾸며

사회와 기술의 강력한 결합이 보편화된 현대사회에서 사회문제가 복잡다단해지고 해결이 어려워지는 것은 현재의 사회-기술시스템의 궁극적 한계에서 비롯된 것으로 근원적인 문제해결을 위해서는 전혀 새로운 시스템으로의 전환이 필요하다. 현 세대가 전 세계적으로 직면하고 있는 광범위한 기후변화의 문제도 과거와 현재의 시스템이 결합돼 초래한 일이므로 기존의 방식과 다른 사회기술시스템이 필요하다.

현재의 기후변화양상은 산업화와 도시화, 문명화 과정에서 에너지 소비를 지속적으로 늘려오면서 발생하는 환경 · 사회문제를 기술에 의존해 풀고자 했던 방식이 더 이상 유효하지 않으며 에너지 소비를 현저하게 줄이고 환경 · 사회적 위험을 확대하지 않는 에너지원으로의 전환을 빠른 시간 안에 채택할 것을 촉구하고 있다. 이러한 문제의식에 기초해 기후변화 흐름을 완화하는 적극적 정책 대안으로서 채택된 것이 에너지 전환마을(transition town) 실험이다.

1) 에너지 전환마을[17]

에너지 전환마을은 공동체가 석유정점, 기후변화 및 경제적 불안정성에 직면할 때 보다 큰 회복력을 가질 수 있게 하는 지역수준의 공동체 주도 행동으로 2006년 영국에서 시작되었고, 2013년 6월 현재 43개국 1,107개 공동체가 참여하는 마을에너지 자립 프로젝트이다.

영국 정부는 지난 2000년대부터 에너지시스템에 공동체에너지를 부분적으로 수용하기 시작하였고, 2014년 초 '공동체에너지전략' 문서를 발표하기에 이른다.

이 전략에 따라 영국의 협동조합진영은 지역 · 환경단체들과 '공동체에너지동맹'을 결성하여 현재 31개의 에너지협동조합이 20.8MW 용량의 설비를 완전 소유 및 1.22GW 용량의 설비를 부분적 소유하며 재생에너지를 생산, 공급하고 있다.

17 대전 시민체감 문제해결형 R&D연구 사업 보고서(2p)의 내용에서 가져온 것이다.

이와 유사한 것으로 국내에서 시도된 성공적 사례는 서울시의 '절전소' 정책을 꼽을 수 있다.

서울시는 2012년 4월에 2014년까지 200만toe의 에너지를 절감 · 생산하겠다고 선언하고 에너지 효율화 사업, 신 · 재생에너지 보급사업, 탄소흡수를 위한 공원녹지 확충사업 등 21개 정책과제를 실행함으로써 2014년 5월 기준 193만toe의 에너지소비량 감축 성과를 냈다. 이 과정에서 서울시는 사업추진을 관이 주도하지 않고 마을조직 및 지역단체와 에너지 거버넌스를 형성해 추진함으로써 에너지 소비합리화와 에너지 전환마을의 핵심역량인 시민사회의 자치역량이 강화되는 성과도 가져온 것으로 평가된다.

에너지 전환마을 정책의 일환으로 정부차원에서 추진하는 공주시 계룡면 금대리의 저탄소 녹색마을 조성사업은 마을 전체의 에너지 전환이 아닌 공동체 생산시설의 에너지를 태양광, 태양열, 지열로 전환한 것으로 에너지 전환마을로 확장하기 위해서는 이후 다양한 정책수단이 적용해야 할 것으로 보인다.

2) 저탄소 사회전략과 시스템 구축

저탄소 사회를 지향하는 다양한 정책과 실천 프로그램이 각 나라와 도시별로 시도되고 생산적인 결과를 보여주고 있다. 저탄소 도시들은 대부분 토지이용을 효율화하고 지역 및 도시 시스템을 친환경적으로 설계함으로써 이산화탄소 배출을 억제하고 자원과 에너지 소비를 절감할 수 있도록 체계화되어 있다. 컴팩트 도시 계획, 녹색교통과 대중교통 중심전략, 저탄소 주거지 조성, 태양과 바람 등 재생가능에너지원 도입, 산림 보전 및 공원 확대 사업 등을 통해 탄소배출량을 획기적으로 감축하고 흡수 능력을 키워 탄소중립을 실현하고자 한다. 이러한 정책들을 통해 지역공동체 구성원들이 기후변화에 대응하고 유가상승이나 경제위기 등 사회경제적 불안과 무관하게 안정적이고 지속가능한 삶을 유지할 수 있도록 하는 것이다. 이미 세계적으로 보편화된 저탄소 사회전략들을 살펴보면 단기간에 쉽게 할 수 있는 일부터 장기간에 걸쳐 사회구성원들간 치열한 토론과 합의를 거쳐야만 가능한 일들도 있다. 몇 가지 나열하면, 친환경 건축 법안을 통한 에너지 저소비형 건물 및 주택 건축, 쿨 시티 정책(도시열섬효과를 완화하기 위한 시설설비에 정부가 사업비를 보조하는 정책으로 지붕녹화, 벽면녹화, 보습성 건축자재에 물을 뿌리는 설비 등을 보조금으로 지원),

대중교통 우선정책 및 도심부 승용차 통행제한을 통한 대중교통 통행속도 개선, 그리고 그에 따른 대중교통 수송분담률 향상, 공공자전거 도입과 카 셰어링 등 공유경제 확대, 에너지소비를 감축하는 환경세제 도입 등 단기정책부터 도시시스템 전환과 연계된 장기 전략까지 다양한 제도들이 시행되고 있다.

〈그림 2〉 단 · 장기 저탄소 도시 구현 수단

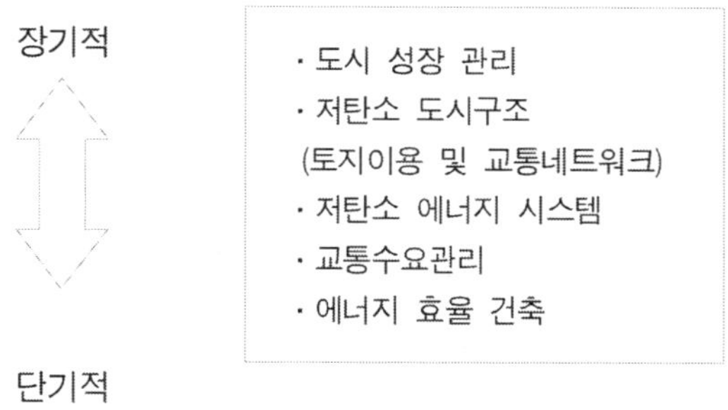

(자료 출처 : 저탄소도시)

우리사회에서도 대부분 익숙한 내용이고, 정부와 3개 시 · 도에서도 상당부분 도입해 시행하고 있는 사업들이다. 문제는 얼마만큼 체계적으로 설계되어 있고, 집행이 잘 되도록 부서간 협력구조가 마련돼 있으며, 지방정부의 발전전략이 저탄소 녹색성장과 부합하여 추진동력이 확보되는가 하는 것이다. 3개 시 · 도의 기후행정체계와 성과 보고형식을 볼 때 긍정적인 평가를 내리기 어려운 이유가 여기에 있다. 지역발전전략이 저탄소 녹색도시와 약하게 연결되어 있으며, 도시계획 · 교통 · 에너지 · 환경 행정이 기후변화대응 체계 안에서 통합되지 않고 있으며, 기존의 에너지, 환경 행정을 기후행정으로 명칭을 달리 했을 뿐이다. 에너지 전환에서 출발하여 지역(도시) 전체의 시스템 전환을 요구하는 수준의 기후행정에 접근하려면 기존의 행정시스템과 안정지향형 사고에서 벗어나야 한다. 지역과 도시 행정 전반이 기후환경 변화에 맞게 혁신해야 비로소 저탄소 사회로 진입하는 문을 열 수 있을 것이다.

참고문헌

오니시 다카시, 고바야시 히카루 엮음(2014), "저탄소도시", 한울

얀 겔, 비르깃 스바(2014), "인간을 위한 도시만들기", 비즈앤비즈

송위진, 성지은 외(2012), "사회문제해결형 혁신정책의 주요 이슈와 대응", 과학기술정책연구원

김민수, 김종남 외(2014.12), "대전 시민체감 문제해결형 R&D 정책연구" 보고서, 대전테크노파크

정환도(2014), "대전시 온도변화에 관한 기초연구", 대전발전연구원

대전광역시(2013),「시정백서」

대전광역시(2014),「환경백서」

대전광역시(2013),「지역경제백서」

충청남도(2013),「도정백서」

충청남도(2013),「충청남도 지역에너지계획」

충청남도(2014),「2014 2/4분기 정책자문위 회의자료」 "민선6기 환경녹지비전과 역점과제, 민선6기 공약사항에 대한 검토"

세종특별자치시(2014),「시정백서」

세종특별자치시(2014),「세종시 기후변화 적응대책 세부시행계획」

통계청 홈페이지, 국가통계센터, 에너지통계

온실가스종합정보센터 홈페이지, 에너지통계

07

공유지 비극론을 통해 본 기후변화 대응과 기후정의: 당위와 현실의 간극

윤순진(서울대 환경대학원 교수)

‖ 21세기 글로벌 기후변화와 윤리적 정의(Justice) ‖ 07

공유지 비극론을 통해 본 기후변화 대응과 기후정의: 당위와 현실의 간극[1]

윤순진(서울대 환경대학원 교수)

1. 들어가며: 기후위험과 기후정의

현재 진행되고 있는 기후변화는 인간의 사회경제적 활동의 결과물이다. 기후변화에 관한 정부간 위원회(Inter-governmental Panel on Climate Change, IPCC)가 발표한 제5차 평가보고서(the 5th Assessment Report, AR5)에 따르면 기후변화가 인간에 의해 일어났을 확률이 95% 이상, 즉 "가능성이 대단히 높다(extremely certain)." IPCC는 1990년에 발표한 제2차 평가보고서 (the Second Assessment Report, SAR)에서 이 확률을 50%(발생하지 않을 가능성보다 발생할 가능성이 높음, more likely than not)로 보았으나 제3차 평가보고서와 제4차 평가보고서를 거치면서 66%(가능성이 높음,

1 이 글은 2014년 정부(교육부)의 재원으로 한국연구재단의 지원을 받아 수행된 연구임(NRF-2014S1A3A2044381)

likely), 90%(가능성이 매우 높음, very likely)로 높아진 후 급기야 95%까지 확률이 높아졌다. 기후변화가 인간에 의해 야기되었다는 사실은 인류가 이 문제의 해결에 대해 책임을 져야 한다는 점을 의미한다. 나아가 이미 대기 중 누적된 온실기체로 인해 당분간 일정 수준의 기후변화는 진행될 수밖에 없지만, 자연변동과 달리 인류에게 더 이상의 진행을 억제할 수 있는 잠재력이 있음을 시사하기도 한다. 하지만 기후변화를 야기한 책임의 정도가 사회 간에 또 개인마다 다르기에 문제 해결을 위한 책임을 배분하는 과정에서 인간 또는 인류라고 뭉뚱그려 말하는 것을 넘어 누구에게 얼마만큼의 책임이 있는지를 가리게 되고 또 문제를 해결할 능력이 얼마나 있는지를 묻게 된다.

하지만 기후변화문제를 풀어가는 데 있어 현재의 접근은 '2℃ 이내 온도 상승 억제'라는 전 지구적 목표를 달성하는 데 미치지 못할 가능성이 높다는 점에서 상당한 한계를 안고 있다. 또한 개별 국가가 결정한 각국의 기여내용(Intended Nationally Determined Contribution, INDC)이 국가간 형평성을 얼마나 고려하거나 실현하고 있는지를 둘러싸고 상당한 논쟁이 야기될 가능성이 농후하다. 선진국들이 어느 정도로 적극적인 감축목표를 제시하느냐도 중요하지만 현재 의무부담을 지고 있지 않은 개발도상국들이 어떤 방식으로 얼마나 감축할지도 상당히 중요하다.

기후변화가 진행되는 지금의 상황, 또 기후변화 대응방안을 적절히 마련하고 있지 못한 지금의 상황은 일찍이 하딘(Garret Hardin, 1968)이 주장한 "공유지의 비극(the tragedy of the commons)"에 비유될 수 있다. 기후변화를 유발하는 온실가스가 대기 중에 과도하게 누적됨으로써 기후변화가 발생하기에 기후변화문제의 해법은 '대기공유지(atmospheric commons; atmosphere as a global commons)' 또는 ' 공동자원(common pool resource)으로서의 대기'를 어떻게 관리해 나갈 것인가의 문제라 할 수 있다. 하딘의 주장대로 대기공유지는 공유지란 특성으로 인해 비극적 상황으로 치달을 수밖에 없을까? 아니면 하딘의 표현대로 "상호강제에 의한 상호합의(mutual coercion mutually agreed upon)"를 통해 적절하게 관리될 수 있을까? 상호강제에 의한 상호합의는 어떠한 원칙하에서 달성가능한 것인가? 하딘은 상호합의에 의한 상호강제의 필요에 대해서만 언급했을 뿐 그러한 합의와 강제가 어떠한 조건 하에서 가능한지에 대해서는 별다른 언급이 없다. 하딘의 주장이 제출된 뒤 공유지 비극을 막을 수 있는 관리 방식으로 중앙집권적인 국가의 개입—지구환경문제의 경우에는 초국가적인 강력한 권위체의 개입이라 해석 가능—이나 사유재산권의 설정이 제안되었다.

이 글에서는 우선 2절에서 하딘의 공유지 비극론을 비판적으로 고찰하여 공유지 비극론이 갖는 긍정적 함의와 한계를 드러낸다. 그리고 공유지의 비극을 피할 수 있다고 제기된 방안들의 유용성과 한계를 살핌과 아울러 대기공유지의 비극적 상황을 막기 위해 어떠한 원칙과 논의가 필요한지에 대해 기존의 여러 논의를 살피도록 한다. 3절에서는 기후변화가 야기하는 기후불의(climate injustice)에 대해 살펴보고 4절에서는 현재까지 진행된 국제 기후변화협상 과정에서 채택되거나 제출된 기후정의의 실현을 위한 여러 원칙들을 검토한 뒤 5절에서 채택가능한 협상방안이나 경로를 제안하면서 마무리하도록 한다.

2. 공유지 비극론과 기후불의

1) 하딘의 공유지 비극론과 닫힌 공유지

지난 1968년 하딘은 "공유지의 비극(The Tragedy of the Commons)"이란 글을 썼다. 비유법을 통해 공유지의 예로 목초지와 시냇물을 예로 들면서 개개인의 합리적인 결정이 어떻게 사회 전체에 비합리적인 공유지의 파괴란 결과를 낳는지를 기술하였다. 목초지나 시냇물과 같은 공유지에 대한 출입이 제한되지 않을 경우 개인은 자신의 이익을 극대화하기 위해 더 많은 수의 소를 방목하거나 폐수를 방류함으로써 결국 목초지와 시냇물이 과도하게 이용됨으로써 황폐화되거나 오염된다는 것이다. 개개인의 차원에서 자신의 이익을 더 높일 수 있는 합리적 행동이 공유지의 파괴로 귀결된다는 것이다. 하딘에 따르면 개인들은 "합리적" 경제행위를 추구하는데 "언제나", "누구에게나" 열려 있는 공유지 상황에서 개인들은 자신의 이익을 극대화하는 방향으로 공유지를 이용하게 되고 그 결과 공유지가 황폐화된다는 것이다. 공유지의 부양능력(carrying capacity)에 한계가 있기 때문이다. 하딘은 이러한 공유지의 비극적 상황을 막기 위해서는 공동체 구성원들의 자유를 제한할 수 있어야 하는데 이를 위해서는 "상호합의된 상호강제"가 필요하다고 보았다.

사실 하딘은 인구증가가 야기할 환경의 파국적 결과를 논의하기 위해 공유지의 비극이란 비유를 했던 것이다. 더 많은 자손을 낳으려는 개개인의 행위는 인구증가를 야기하게 되고 인구가 증가함으로써 인구를 부양하는 데 필요한 환경이 과도하게 소요됨으로써 결국 인구 압력에 의해 환경이 파괴된다는 것이다. 하딘은 인구증가를 심각한 환경오염과 파괴의 원인으로 보고 인구증가를 억제해야 한다는 주장을 보다 명료하게 전달하기 위해 이러한 비유를 사용하였다. 하지만 하딘의 의도와는 조금 다르게 하딘의 논의 이후 환경문제는 공유지의 비극으로 비유되기에 이르렀다. 생태인류학, 인구학, 법학, 정치학, 윤리학, 지리학, 심리학, 사회학, 행정학 등의 사회과학은 물론 자연과학계에서조차 하딘의 논의는 광범위하게 인용되었고 하딘의 논의를 입증하기 위해 인구증가로 인해 자원이 무분별하고 과도하게 이용됨으로써 고갈 상황에 다다른다거나 서식지가 파괴되고 생물종이 소실되며 환경이 오염되는 등 하딘의 주장을 확인하고 지지하는 사례에 대한 연구들이 진행되었다. 그리고 이러한 문제를 막기 위해 국가권력의 강화나 시장 기제의 도입을 해결방안으로 제시하는 연구들이 이루어졌다. 하지만 다른 한편에서는 하딘의 주장을 논박하는 연구들이 이루어졌다. 엘리너 오스트롬(Ellinor Ostrom)으로 대표되는 일군의 학자들은 공유지가 성공적으로 관리되어 비극적 상황에 이르지 않은 사례들을 발굴하여 하딘을 반박하고 일정한 사회적 기제 또는 제도를 통해 공유지를 건강하게 관리할 수 있다고 주장한다. 이러한 과정을 거치면서 공유지 관리론이 등장하고 세련화되어 왔다.

하딘 본인 또한 1968년에 "공유지의 비극"이란 제목의 글을 처음으로 쓴 이후 1994년과 1998년에 각각 "관리되지 않은 공유지의 비극(The Tragedy of the Unmanaged Commons)"과 "공유지 비극의 확장(Extensions of'The Tragedy of the Commons')" 이란 제목의 글을 발표하였다. "관리되지 않은 공유지의 비극"이란 글에서는 모든 공유지가 비극적 상황으로 치닫지는 않는다는 비판을 의식하여 '관리되지 않은 공유지'가 비극적 상황에 이르는 것임을 강조하였다. "공유지 비극의 확장"에서는 자신의 이익을 경쟁적으로 추구하는 자기중심적 개인주의가 지속되는 한 부양능력이 한정되어 있는 환경은 파괴될 수밖에 없고 이로 인해 사회적 재난이 야기될 수밖에 없음을 강조하였다. 과학의 발전을 통해 파국의 시간을 다소 연기할 수 있을 뿐 증가하는 인구와 회피할 수 없는 자연자원의 한계가 결합하여 결국은 파국에 다다르게 된다는 것이다. 하딘은 지구적 차원의 공유지 비극이란 파국을 막는 데 있어서는 "상호합의에 근거한 상호강제라는 솔직한 정책(a frank policy)"만이 해답이라고 거듭 주장하였다.

하딘은 생물학자이자 신멜더스주의자로서 인구증가가 제한된 환경자원에 대한 압력을 높여 환경문제를 유발하는 원인이라고 보았다. 해결책은 기술적이라기보다는 '사회적인' 것으로 "상호합의된 상호강제" 없이는 지속적으로 증가하는 인구를 제한하지 못해 결국은 지구라는 공유지가 황폐화된다고 경고한 것이다. 인구문제에 대한 하딘의 입장에 대해서는 다양한 비판이 가능하다. 선진국 인구의 과도한 소비규모를 문제 삼지 않았으며 개발도상국의 인구증가를 유발하는 사회경제적 구조를 도외시한 채 인구증가 그 자체만을 문제 삼은 것이다. 또한 제한된 부양능력에 대한 인식은 일정부분 타당성이 인정되나 인구증가를 막아야 한다는 당위를 지나치게 앞세우면서 선진국과 개도국 간의 형평성을 제대로 고려하지 않고 개인의 자유에 대한 제한을 강조하는 등 생태권위주의적 접근(eco-authoritarian approach)을 보이고 있다. 하지만 이후 하딘의 주장은 애초 그가 가진 인구문제에 대한 관심을 넘어 대부분의 환경문제가 공유지의 비극으로 비유되었다. 하딘 이후에는 인구증가 억제의 관점에서보다는 공유지의 비극을 환경문제의 원인이자 결과로 일반화하는 경향을 보여 왔다.

하딘을 비롯해서 이후 공유지 비극론자들이 공유지의 비극을 막기 위해 제안한 대안은 크게 두 가지다. 하나는 공유지에 대한 사유재산권(private property right)의 부여이며, 다른 하나는 강제적인 법집행이나 조세징수와 같은 중앙집권적인 국가권력의 개입과 확대이다(Hardin, 1968, 1994, 1998; Ostrom, 2003). 사유재산권 부여를 주장하는 측은 공유지가 개인적 자산들로 나누어져 재산권 소유자만이 환경자원을 이용하도록 제한하면 재산권 소유자들은 자신의 이익을 극대화하려는 이해관심을 가진 합리적 개인이기에 자신의 재산권이 부여된 환경을 보다 효율적으로 활용하게 되고 그 결과 환경이 보전될 것이라 본다. 국가권력의 개입과 확대를 주장하는 측은 전체 국민이 공유지의 소유권자로 국민은 관리자들을 임명하여 자신들을 대신해서 환경자원 이용을 통제하도록 위임하게 되면 유능하지 못한 관리자들은 해고될 수 있기 때문에 관리책임을 성실하게 이행하게 되고 그 결과 환경이 보전될 수 있다고 본다. 하지만 현실에서의 경험을 통해 볼 때 사유재산권을 가진 개인들이 장기적인 환경보전을 위해 눈앞의 개발 기회를 포기하기보다 단기적 이익을 위해 환경을 개발하여 파괴하는 게 일반적이다. 환경보전이 경제적 편익을 보장하는 한에서만 그런 보전 활동이 이루어지는 경향을 보인다. 또한 국가 자체가 경제성장을 가장 중요한 가치로 여길 경우, 또 자유민주주의체제에서 투표권을 가진 국민이 경제성장보다 환경보전이란 가치를 우위에 두지 않을 경우, 국가적 규제로 환경보전을 실현하는 데도 한계가 있다.

공유지 관리를 위한 이러한 두 접근에 문제를 제기하면서 지역주민에게 자율성을 부여하여 지역주민 스스로 자율적인 사회적 장치를 마련하도록 함으로써 공유지의 비극을 회피할 수 있다는 논의도 진전되고 있다(윤순진, 2002; 윤순진, 2007; 윤순진 · 차준희, 2009; 최현, 2013a, 2013b). 오스트롬이 다양한 사회들에서 지역사회가 공유지를 훼손되지 않게 관리해온 사례들을 발굴하여 보여주었고 Berkes와 Colding, Folke(2000)도 마오리족의 환경윤리를 예로 들면서 전통사회들에서는 인간사회의 지속적 이용을 위해 자연을 보전하는 데 관심을 두었다고 지적한다. 우리나라에서도 송계, 어촌계, 마을공동목장, 마을숲 등을 둘러싼 지역공동체의 공유지 관리 방식을 살펴 볼 수 있다(윤순진, 2014).

하지만 여기서 비극적 상황에 이르지 않았던 공유지는 대개 일정규모의 공간으로 한정되고 지역주민 이외 사람들의 접근을 통제하기가 상대적으로 용이한 지역주민들만의 닫힌 공유지였다. 하딘 자신도 이러한 소규모 공유지는 주민들이 상호합의에 의한 상호강제에 보다 용이하게 도달할 수 있기에 지속적으로 관리될 수 있음을 지적한다. 사실 하딘 스스로 비유로 예를 든 공유지가 목초지나 시냇물로 지역 주민에 의해 관리될 수 있는 상대적으로 닫힌 공유지였다. 그렇기 때문에 오히려 이러한 닫힌 공유지는 하딘이 가정한 것처럼 "언제나 누구에게나" 열려 있는 상태로 존재하지 않는 경향을 보였고 지역주민들은 그러한 공유지가 자신들의 삶의 기초가 된다는 것을 누구보다 더 잘 알았기에 타인의 접근과 이용을 제한하면서 자신들의 삶을 위해 스스로 잘 관리할 수 있었던 것이다. 문제는 이러한 닫힌 공유지가 아니라 경계를 긋기 어려운 열린 공유지다. 이 글에서 다루는 기후변화를 야기하는 대기공유지가 바로 그것이다.

2) 열린 공유지로서의 대기 공유지와 기후변화

열린 공유지에 대한 논의를 시작하기 전 공유지의 특성에 대해 살펴 볼 필요가 있다. commons는 공유지(共有地) 혹은 공유재(共有財)로 번역된다. 유사한 개념으로 common pool resource란 용어가 있는데 이는 학자에 따라 공유자원이나 공유재, 공동자원으로 번역한다. 혼용되는 개념으로는 common property, 즉 공유재산이 있다. 학자에 따라 이견이 존재하긴 하지만 Burger와 Gochfeld(1998)에 따르면 공유자원은 토지와 물고기, 물, 야생생물, 숲 등 확인되고 정량화될 수 있는 자원에 초점을 두는 반면 공유지는 공유자원이 존재하는 공간이나 맥락(context), 재산권 체계(property system)까지 포함하는 광범위한 개념으로 이 둘은 중첩되면서도 다소 다르다. 하지만 대부분의 경우 공유지와 공유자원(공동자원)은 엄밀한 구분 없이 사용된다.

하딘의 원 명제(original thesis)는 공유지를 누구에게나 언제든지 열려 있는 공간으로 규정했다. 하지만 인간의 역사에서 그런 공간은 별로 많지 않으며 앞서 기술한 것처럼, 하딘이 예로 든 목초지는 대개 지역공동체가 공동으로 소유하고 관리해 온 것으로 알려져 있다. 이유는 이러한 공간에 대한 이용자들의 접근을 배제하기 쉽지 않은 데 비해 그 공간이 주는 편익은 이용자 수가 늘어날수록 감소하기 때문이다. 이러한 특성을 각각 비배제성(non-exclusivity)과 경합성(rivalry) 또는 편익감소성(subtractability)이라 부른다. 자연자원을 포함해서 인간이 사용하는 자원은 〈그림 1〉처럼 이 두 가지 속성의 정도에 따라 크게 사유재, 공공재(공개재), 회원재, 공동재(공동자원)로 구분한다.

〈그림 1〉 자원의 분류

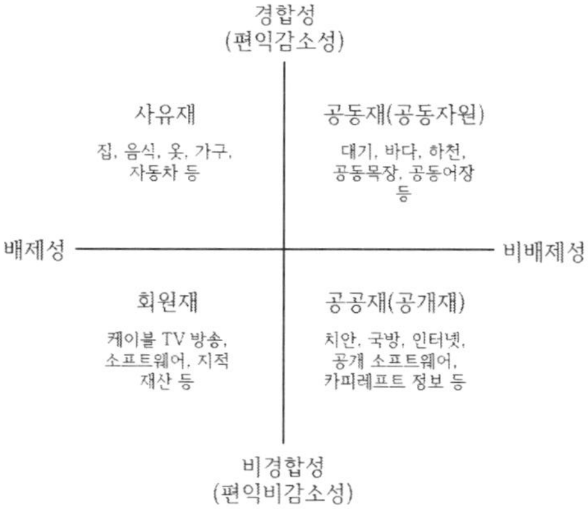

출처: 최현(2013a, 2013b) 재구성

그런데 여기서 주의할 점은 자원의 분류가 고정적이지 않다는 점이다. 비배제성이란 "잠재적인 사용자를 배제할 수 없거나 배제하기 어려운 속성"으로 정의할 수 있다(오스트롬, 2010: 70-75). 재산권제도의 발달 정도에 따라 비배제적일 수도 있지만 자원의 접근에 대한 규정과 관리를 강화함으로써 배제적인 속성을 띠게 된 것도 있으며 배제적일 수도 있지만 배제성을 의도적으로 해체시킨 경우도 있다. 가령 마을 앞바다의 경우 인간의 출입을 배제하기 어려운 속성을 지니고 있지만 재산권제도를 통해 사유화시킬 수도 있고 마을공동자원으로 공유할 수도 있으며 누구에게나 출입을 제한하지 않을 수도 있다. 음식의 경우에도 보통 사유화되고 있지만 공동재가 될 수도 있다. 독일에서는 버려지는 음식물로 인한 쓰레기 배출을 줄이거나 음식을 구하지 못하는 사람들과 나누기 위해 거리 냉장고를 설치해서 음식나눔(food sharing)운동을 진행하고 있는데 이 경우 음식물은 더 이상 사유재가 아니라 공동재 또는 공개재가 된다. 지적재산의 경우에도 마찬가지다. 지적재산권(copy right)을 통해 사유재나 회원재가 될 수도 있지만 카피레프트(copy left)를 통해 공공재가 될 수도 있다. 경합성의 경우에도 자원의 사용 정도가 어느 정도이냐에 따라 달라질 수 있다. 인구가 적고 이용률이 낮을 경우 경합성을 지니지 않던 자원이 그 반대가 되면 경합성을 띨 수도 있다. 예전에 그랬던 것처럼 물과 공기 등은 사용자가 적을 경우 경합성을 띠지 않을 수도 있지만 사용자가 늘어나게 되거나 산업화가 진행되면서 제공하는 서비스의 질이 떨어짐으로써 경합성을 가지게 된다.

이 글이 관심을 두는 대기의 경우 그야말로 이용자의 접근을 배제하기 쉽지 않은 데다 대기로의 오염물질 배출이 늘어나게 되면 대기가 제공하는 서비스의 질이 떨어지게 된다. 산업화가 진행되기 전 한동안은 편익이 감소하지 않는 무한재로 여겨졌을지도 모르지만 산업화가 진행되면서 대기오염이나 기후변화가 진행되는 지금의 상황에서는 경합성 또는 편익감소성이 높은 자원이라 할 수 있다. 하지만 대기는 배제성이란 차원에서 볼 때 자원 자체의 속성으로는 배제성을 갖기 어렵다. 하지만 사회제도를 어떻게 마련하느냐에 따라 배제적 자원으로 변화시킬 수 있다. 총량 배출권 거래제를 실시하게 되면 사회적으로 결정된 총 배출 허용량 내에서 이산화탄소의 배출을 낮춰야 하며 한계비용에 따라 배출권을 거래하게 된다. 탄소세를 부과하는 경우에도 탄소 배출에 따라 세금을 납부하게 되므로 배출량을 조절하게 되는데 이 또한 인위적으로 배제성을 갖도록 만드는 장치가 된다. 즉, 이러한 경제유인적 제도의 실시는 비배제적이었던 대기란 공동자원에 대한 출입을 제한하는 장치를 도입하여 배제성을 갖도록 만드는 것이다. 명령강제적 규제에 따라 배출총량을 일정한 선으로 제한해서 더 이상의 배출을 막을 수도 있다. 우리나라가 지난 2012년부터 실시한 온실가스 에너지 목표관리제가 예가 된다. 또한 현재 국제적으로 이루어지고 있는 국가별 감축목표 설정 방식도 배출 총량을 제한하는 것으로 대기에 대한 접근에 배제성을 부여하는 장치가 된다. 이렇듯 자원은 그 자체가 가진 나름의 속성이 있지만 사회제도를 통해 인위적으로 속성을 변화시킬 수 있다.

일반적으로 환경문제는 영향이 미치는 범위가 광범위하고 누적적이며 문제가 발생하는 기제가 복잡하거나 원인과 결과 사이의 시간적 지체로 인해 문제의 원인을 밝혀내기 쉽지 않거나 시의적절한 발견과 해결이 어려운 경향을 보인다(정선양, 2001). 기후변화 또한 여타 환경문제와 마찬가지로 이러한 특성을 보이면서 그러한 속성이 더 강하게 발휘되기도 하고 다른 문제와 다소 다른 차원을 포함하기도 한다. 기후변화란 대기 중 온실기체 농도가 증가해서 온실기체의 복사강제력이 높아지면서 지구로부터 나가려는 긴 파장의 적외복사에너지를 더 많이 흡수하여 대기 중에 가두게 됨으로써 나타나는 현상이다. 더 많은 지구복사에너지의 흡수로 지구 표면 온도가 상승하고 그 결과 대기나 해류의 흐름에 변화를 야기해서 오랜 기간 유지되어온 기후 평형체계가 깨어진 결과다. 다른 어떤 환경문제보다 기후변화는 이러한 메카니즘에 의해 문제가 야기된다는 사실을 발견하고 확인하기까지 상당히 오랜 시간이 걸렸다. 기후변화가 문제로 인식되는 데도 오랜 시간이 걸렸고 문제의 메카니즘을 추론하고 확인하는 데도 오랜 기간이 걸렸다. 즉, 엄청나게 긴 지체효과가 있었던 것이다. 따라서 기후변화 문제를 야기하는 데 누가 얼마나 책임이 있는지 밝혀내기 어려우며 설혹 밝혀낸다 하더라도 문제를 야기한 오염원인자들이 사망했거나 현재로서는 문제를 해결할 수 있는 능력을 갖지 못하는 경우도 있다. 누구에게 어느 정도의 책임을 물을 것인지 언제부터 책임을 물을 것인지가 상당히 애매하게 된다. 또 문제가 문제로 발현되는 데 오랜 시간이 걸렸던 것처럼 기후변화 완화(mitigation)가 진행되어도 그 효과가 즉각적이지 않고 감축 효과가 발생하는 데도 오랜 시간이 요구된다. 따라서 문제 해결에 대한 사회적 요구나 지지가 크지 않을 경우 단기간의 임기를 기본으로 하는 자유민주주의 정치체제에서는 해결이 쉽지 않다.

기후변화는 형평성이란 관점에서 볼 때 다른 어떤 문제보다 형평성에 위배될 수 있는 소지가 크다. 문제가 되는 온실기체의 배출원(emission source)이나 배출지역과 그로 인해 유발되는 이상기후를 비롯한 기후변화 영향으로 피해를 입는 지역이나 집단이 다르기 때문이다. 온실기체가 일단 배출된 후 대기 중에 누적되어 온실효과(greenhouse effect)를 유발하고 그 결과 극단적인 기상현상으로 기후재난이 야기될 경우 기후재난에 노출되는 지역이나 집단이 배출집단이나 지역과 동일하지 않을 가능성이 상당히 높다. 더 먼저 산업화 과정을 거치면서 더 많은 화석연료를 연소하고 더 많은 삼림을 벌채하며 더 많은 폐기물을 발생시키고 더 많은 플루오르 가스를 합성해서 사용한 선진국의 경우 오히려 그 과정에서 성취한 자본 축적과 기술개발로 기후변화 영향과 피해에 대해 오히려 덜 취약한 반면 최빈국을 포함한 개도국들은 선진국들에 비해 배출 책임이 덜하지만 취약성은 더 높다는 문제를 안고 있다. 바로 이러한 불일치로 인해 국내외 감축목표 설정시 상당한 사회갈등이나 마찰이 야기될 수 있으며 그 결과 문제를 풀기가 상당히 어렵게 된다. 특히 온실기체 배출이 산업활동은 물론 일상적인 삶의 전 영역과 연결되어 있기 때문에 오염물질 배출원에 대한 통제가 쉽지 않다는 점도 문제다. 기후변화문제는 지구환경문제로 한 국가의 온실기체 배출이 전 지구적인 파장을 유발하며 국제사회가 공동으로 이 문제를 해결하기 위해 기후변화협약 아래 러짐을 형성하여 접근하고 있다. 기후변화의 원인과 영향은 국제적이며 국가들 간에 경제적으로나 정치사회적으로 연계된 문제이기에 집합적 대응이 필수적으로 요구된다. 하지만 지구적 차원에서 개별 국가들의 노력을 조정해나가는 것은 상당히 도전적인 과제가 될 수밖에 없다. 그리고 바로 이런 특성 때문에 한 국가의 대응행동은 해당 국가의 의지만이 아니라 국제사회의 요구에 부응해야 하는 측면이 존재한다. 국제적인 요구와 국내적인 요구 간에 차이가 발생할 수도 있으며 그러한 차이를 조율하면서 기후변화 문제를 해결해야 하는 것이다.

이러한 기후변화의 특성은 배출 감축 목표나 배출권 할당량의 결정에 있어서 상당한 진통을 야기하는 요인이 된다. IPCC의 제5차 평가보고서에 따르면, 지구 평균기온이 산업화 이전 대비 2℃ 이상 상승하는 것을 막기 위해서는 산업화 이후 이산화탄소 누적배출량이 2,900GtCO_2 이하로 억제되어야 하지만, 지난 2011년까지 이미 2/3에 해당하는 1,900GtCO_2이 이미 배출된 상태이기에 2011년 이후 가용 탄소예산(Carbon Budget)이 사실상 1,000GtCO_2밖에 남지 않았다.[2] 유엔환경계획(United Nations Environmental Programme, UNEP)은 IPCC의 AR5에 제시된 탄소예산을 근거로 향후 필요한 온실가스 감축 수준을 제시하였는데 2100년까지 1,000GtCO_2 배출을 넘어서지 않으려면 2055~70년 사이에 연간 탄소 배출량이 '순 0'가 되는 이산화탄소 중립(carbon neutrality)을 달성해야 하며 전체 온실가스 중립 역시 2080~2100년 사이에 달성할 필요가 있다고 한다. 이를 위해서는 전세계 온실가스 배출을 2030년까지 2010년 대비 10% 이상 감축하고 2050년까지 2010년 대비 55% 수준으로 감축할 필요가 있다(외교부, 2015).

2 지구 평균기온이 산업화 이전 대비 2℃ 이상 상승하는 것을 막기 위해 허용되는 이산화탄소 배출량을 탄소예산(carbon budget)이라 부른다. Gt는 기가톤으로 백억 톤을 말한다.

대기는 이제 엄청난 경합성을 가지는 공동자원이 되었는데 아직도 배제성의 문제가 확실히 해결되지 않았다. 경계를 그을 수 있는 소규모 공동자원에 대해서는 대체로 그러한 공동자원에 생계를 걸고 있는 지역사회 구성원들이 공동자원의 지속적인 이용의 필요성을 인식하고 모두에게 편익을 고루 나눠 주면서 책임 또한 고르게 지는 형평성의 원칙을 근거로 나름의 관리 규칙을 만들어 자치적으로 관리해온 경험이 존재한다. 그렇다면 여전히 비배제성을 구현하지 못하지만 경합성은 엄청나게 높은 대기 공동자원은 어떻게 관리될 수 있을까? 기후변화는 지체효과가 높은만큼 언제부터의 배출에 대해 책임을 물을지, 어떤 원칙에 따라 배출 감축 목표를 설정할지, 배출 감축을 위해 어떤 정책수단이나 제도를 도입할지를 둘러싸고 국가간 갈등이 발생하고 국가내 사회집단간 부문간에도 의견이 일치를 보기 어려워 갈등이 야기된다.

또한 기후변화 완화만이 아니라 기후변화를 피할 수 없는 현 상황에서는 적응의 중요성이 높아지고 있는데 이 경우 적응을 위한 재원은 누가 얼마나 어떻게 부담할지도 문제가 된다. 지구상의 모든 생명이 지속가능한 삶을 유지하려면 모든 인류의 참여를 통한 해결이 요청되는데, 이는 기후변화문제를 얼마나 형평성 있게 풀어가느냐에 달려 있다. 즉, 기후정의(climate justice)가 그만큼 중요하다. 이것이 바로 이 시대가 우리에게 절실하게 요구하는 윤리, 기후윤리라 할 수 있다.

3) 기후변화와 기후불의

세계 온실가스 배출은 갈수록 증가하고 있다. 1750년에서 1970년 사이에 900Gt이 배출된 데 비해 1970년에서 2010년 사이 40년 동안 1100Gt이 배출되었다. 1970년 이전 시기 220년 동안 배출된 양의 122%가 40년만에 배출된 것이다. 이러한 배출 추세는 최근 들어 더욱 가파르게 증가하는 양상을 보인다. 〈그림 3〉을 보면 1990년에 27Gt이었던 데서 1980년에는 33Gt, 1990년에는

38Gt, 2000년에는 40Gt이었다가 2010년에는 49Gt으로 늘어났다. 연평균 증가율을 보면, 1970~2000년 사이 온실기체 배출은 연평균 1.3%였으나 2000년대 들어선 이후 연평균 2.2%로 증가속도가 훨씬 더 빨라졌다. 그런데 1970년부터 10년 단위로 잘라보면 1970년대는 2.0%, 1980년대는 1.4%, 1990년대는 0.6%로 다소 둔화되는 양상을 보였으나 2000년대 들어 2.2%로 급격히 증가하였다. 이는 산업화를 더 먼저 경험해서 이미 온실 기체 배출량이 많았던 선진국들의 배출량 증가 추세가 1970년대 이후 둔화되고 있었던 데 비해 2000년대 이후 거대 선발개도국들을 비롯한 개도국들의 산업화에 따른 배출증가가 더욱 빠르게 늘어났기 때문이다.

〈그림 2〉 1970년대 이후 온실가스 배출 증가 추세와 배출 구성

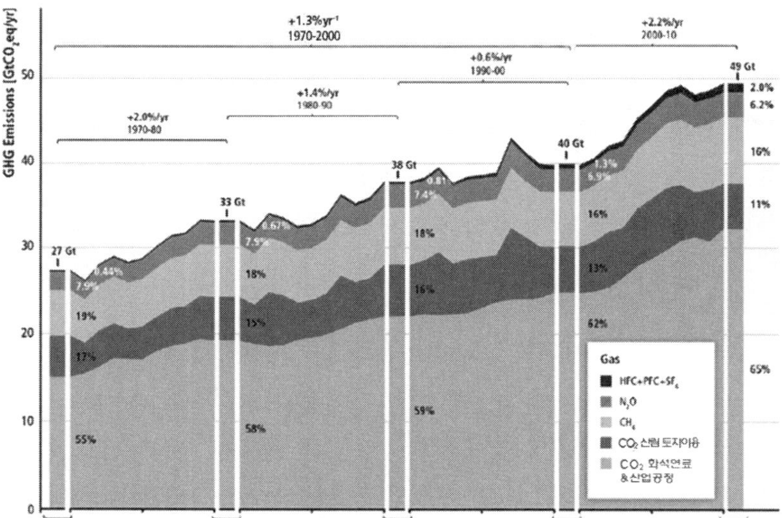

출처: IPCC 2015, 제5차 기후변화 평가 종합보고서

전 세계가 배출하는 총 온실가스 중에서는 CO_2 배출이 76%로 가장 큰 비중을 차지하고 있다. 그 중에서도 화석연료 연소와 산업공정으로부터 배출되는

CO_2가 65%로 거의 2/3에 달한다. 나머지 11%의 CO_2는 토지이용과 산림벌채에 기인한다. 에너지 소비로부터 발생하는 직접적인 CO_2 배출의 경우 경제부문별로 살펴보면, 전력과 열을 생산하는 에너지산업 또는 전환부문이 25%로 가장 높은 비중을 차지하고 이어 산업부문이 21%, 수송이 14% 순이다. 전력과 열로 전환된 에너지의 소비를 통한 간접배출 부문을 살펴보면 건물부문과 산업부문이 각각 12%와 11%로 대부분을 차지하고 있음을 알 수 있다.

〈그림 3〉경제부문별 온실가스 배출

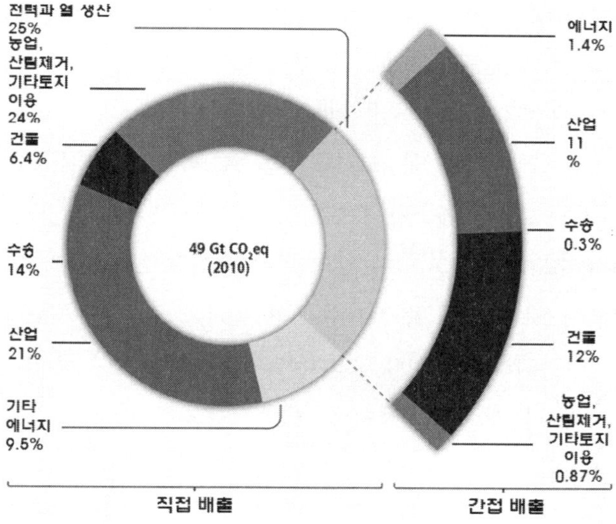

출처: IPCC 2015, 제5차 기후변화 평가 종합보고서

2012년 말 부속서 I 국가들의 온실가스(Greenhouse Gases, GHGs) 평균 배출량은 토지 이용과 산림 변화에 따른 온실기체 배출을 배제할 경우 1990년 대비 10.6% 낮아진 상태다. 주로 OECD 국가들로 구성된 비경제이행국(Non-Economies in Transition, Non-EIT)의 GHG 배출량은 1990년 대비 1.9% 증가하였지만, 경제이행국(Economies in Transition, EIT)의 GHG 배출량이 경제 후퇴로 38.1% 낮아

진 데 따른 것이다.

하지만 전 세계 배출은 꾸준히 증가하고 있는데 이는 부속서 I 국가들 중에서도 부속서 B로 구분되는 선진 OECD 국가들의 배출량이 의미 있게 감소되고 있지는 않는데다가 OECD 중국이나 인도와 같은 거대 선발개도국이나 한국, 브라질, 멕시코와 같은 상위중진국들 경제가 꾸준히 성장하고 있기 때문이다.

그런데 문제는 기후변화가 야기하는 위험에 노출될 가능성이나 기후변화가 미치는 영향의 정도가 개인마다 집단마다 사회마다 같지 않다는 데 있다. 더군다나 배출 책임과 무관한 정도가 아니라 오히려 배출책임이 낮은 개인, 집단, 사회가 기후위험 노출 가능성이나 피해가능성이 더 높다는 데 문제의 심각성이 있다. 이런 측면을 포착한 개념이 바로 기후 불의(climate injustice)란 것이다.

〈그림 4〉를 보면, 기후변화는 화석연료 연소를 비롯해서 인류의 다양한 사회경제적 활동으로 온실가스가 지속적으로 배출되지만 토지이용 변화에 따라 산림에 흡수되지 않는 이산화탄소 양은 오히려 감소함으로써 대기 중 누적되는 온실가스의 농도가 증가하여 자연변동성에 더해 인위적으로 야기된 기후체계의 변화이다. 기후변화 위험은 이상기상현상과 노출, 취약성이 복합적으로 작용해서 발생한다. 이상기상현상에 노출되고 이러한 상황에 대한 대응역량이 취약할 때 기후위험이 기후변화 영향으로 발현된다. 이러한 기후변화의 부정적 영향에 대해서는 사회경제적 과정을 통해 대응할 수 있는데 사회경제적 경로를 수정하면서 영향 받는 당사자들을 모두 포함하여 완화와 적응행동을 거버넌스적 접근으로 풀어가야 한다.

〈그림 4〉 기후변화 위험과 영향, 적응과 완화의 상호 연계

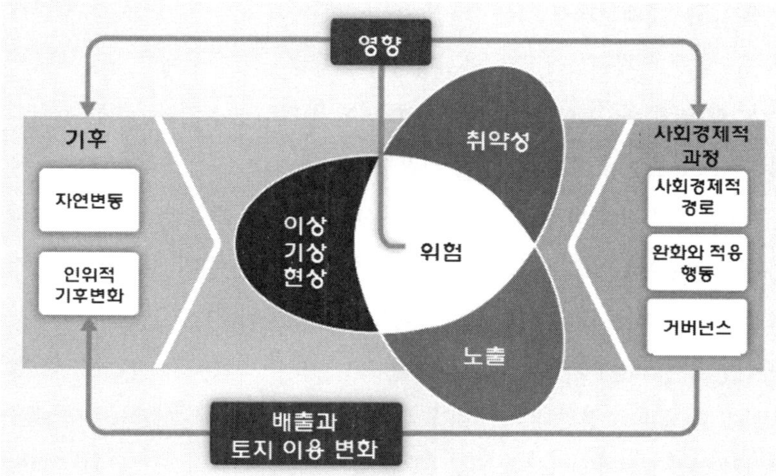

출처: IPCC, 2014, Climate Change 2014: Impacts, Adaptation and Vulnerability

기후정의란 기후변화를 둘러싼 환경정의를 의미하며 기후정의가 실현되지 못하는 상태나 상황을 기후불의라 할 수 있다. 그렇다면 환경정의란 무엇인가? Agyeman(2005)에 따르면 환경정의는 분배적 정의, 실질적 정의, 절차적 정의라는 세 차원으로 이해할 수 있는데, 모든 사람들이 환경오염과 파괴가 야기하는 환경 위험으로부터 평등하게 보호받아야 한다는 전제 아래 사회구성원 간에 환경자원의 이용에서 발생하는 편익의 향유와 비용의 부담이 일치될 수 있도록 편익과 비용을 균형 있게 배분하는 상태이자 이러한 의사결정이 정보공유와 참여적 의사결정과정을 통해 실현되는 상황이라 정의할 수 있다(윤순진, 2006, 2008).

구체적으로 살펴보자면, 분배적 정의란 환경자원이나 환경서비스의 사용에 따른 편익이나 부담을 어떻게 나누느냐와 관련된 것으로 환경자원을 이용하는 데서 오는 '편익'과 편익을 취하기 위해 지불하는 '비용과 부담'의 분배문제에 주목하여 편익 향유자와 비용 부담자가 일치하는 상태를 말한다. 이를

위해 오염원인자 부담원칙(polluter pays principle)을 우선적으로 적용한다. 하지만 환경정의를 분배문제로만 접근하면, 환경문제 자체의 발생 자체보다는 발생했거나 발생할 개연성이 있는 환경위험의 형평성 있는 배분에만 관심을 두게 된다. 그 결과 환경문제 발생 자체를 미연에 방지하거나 저감하려는 노력에 상대적으로 소홀할 수 있다. 모든 사람들이 인종이나 소득, 문화, 사회계급과 무관하게 환경적 위험과 건강 위험으로부터 평등하게 보호받고 건강하고 쾌적한 환경을 누릴 권리가 있으며 이 권리는 존중되어야 한다. 이를 실질적 정의라 한다. 분배적 정의와 실질적 정의가 실현되기 위해서는 영향 받는 당사자들이 정책결정과정이나 절차에 참여하며 정보를 공유하고 의견을 개진할 수 있도록 절차적 정의가 실현되어야 한다. 즉, 영향받는 당사자들의 참여를 보장하여 환경취약집단의 이해를 반영하고 당사자간 협력을 실현하기 위해 의사결정과정에의 동등한 접근권을 보장해야 한다.

이러한 환경정의 개념을 기후변화에 적용한 것이 기후정의다. 따라서 기후정의가 실현되지 않은 상태인 기후불의란 기후변화의 발생에 대한 책임과 기후변화로 인해 유발되는 기후재난피해가 일치되지 않는 상황, 즉 기후변화에 가장 책임이 없는 최빈국을 포함한 개도국이나 선진국의 사회경제적 약자들에게 기후변화로 인해 유발되는 환경적 위험이 집중적으로 발생하는 상황, 기후변화의 지속적 진행을 제어 또는 완화하거나 변화되는 기후에 적응하는 데 있어서 수반되는 비용이 기후변화를 유발한 책임에 비례해서 배분되지 않는 상황, 기후변화로 인해 발생하는 재난의 해결이나 방지에 기후변화에 책임 있는 당사자들이 부담을 고루 나눠 갖지 않는 상황으로 이해할 수 있다. 또한 기후변화 그 자체가 상당한 위협이기에 기후변화를 적극적으로 제어하지 않는 상황도 기후불의이며 기후변화에 대응하기 위한 방안을 마련하는 과정에 관련된 이해당사자의 참여와 정보공유가 이루어지지 않는 것 또한 기후불의라 할 수 있다. 기후변화문제는 단일 사회의 경계를 벗어난 문제다. 국경을 가로질러 진행되는 전지구적 환경문제이자 세대에 걸쳐 일어나는 전세대적

환경문제이며 인간 종을 뛰어넘어 다른 생물종들의 생존에까지 영향을 미치는 전생물적 환경문제라 할 수 있다. 바로 그렇기 때문에 기후불의가 더 깊이 작동한다.

3. 국제기후변화협상의 진행과 온실가스 배출 감축 목표 설정

1) 국제 기후변화협상의 진행

국제사회가 1992년에 채택한 유엔 기후변화협약(United Nations Framework Convention on Climate Change, UNFCCC)에서는 "공통적이지만 차별화된 책임(Common But Differentiated Responsibility, CBDR)" "원칙과 능력에 따른 부담(respective capability, RC)" 원칙에 따라 역사적 책임의 경중과 부담능력을 고려해 UNFCCC 당사국들을 부속서 I 당사국(Annex I countries)와 비부속서 I 국가(Non-Annex I countries)로 구분한 후 모든 당사국들은 온실가스배출 통계를 보고하고 온실가스 저감을 위한 정책과 조치를 시행하며 온실가스 흡수원을 보호하거나 확대하는 활동을 하면서 국가 보고서를 제출해야 한다는 일반의무를 부과하고 부속서 I 국가들의 경우 2000년까지 1990년 수준으로 안정화시켜야 한다는 특별 의무를 부과하였다. 또한 1997년에 채택된 교토의정서(Kyoto Protocol) 하에서는 부속서 I 국가들에 대해서 2008~2012년 사이 5년 동안 1990년 배출량 대비 평균 5.2% 감축하도록 의무감축 이행목표를 부과하였다. 공통적이지만 차별화된 책임 원칙과 능력에 입각한 부담원칙에 따라 부속서 I 국가들 내에서도 협상과정을 통해 1990년 배출량 대비 -8%에서 +10%까지 다양하게 결정되었다.

오랜 진통 끝에 1997년에 채택된 교토의정서가 발효된 2005년부터 국제사회는 교토이후(Post-Kyoto)에 대한 논의를 진행하였다. 2007년에 인도네시아 발리에서 열린 제13차 당사국총회(COP-13)에서는 모든 선진국들은 물론 의무감축 부담을 지지 않았던 개발도상국들까지도 교토이후 감축목표를 수립하여 이행하는 방향으로 2009년까지 국제기후변화협상을 진행하기로 약속하였다. 발리 당사국회의를 마치면서 교토 이후(post-Kyoto)에 대한 포괄적 협상 과정으로 발리 로드맵(Bali Road Map)을 채택하였는데, 발리로드맵에는 교토의정서의 1차 공약기간이 끝나는 2012년 이후 체제를 어떠한 방식으로 구축해 나갈 것인지에 대한 기본적인 밑그림과 향후 일정에 대한 틀을 담았다. 2001년 교토의정서에서 탈퇴한 미국을 포함해서 모든 선진국이 '교토의정서상 의무감축국에 상응한 노력'을 위해 협상하는 것은 물론, 개발도상국들이 '측정가능하고 검증가능한 방법의 자발적 감축'을 협상하도록 규정했다. 따라서 '2012 이후' 체제에서는 자국의 능력범위에 따라 목표와 방법은 다르겠지만 전 세계 모든 국가들이 온실가스 감축활동에 참여하기로 하였다.

하지만 2009년 덴마크의 코펜하겐에서 열린 COP-15에는 최초로 대부분의 주요국 정상들이 참여하였지만 2012년 이후 교토의정서를 대체하는 새로운 법적 구속력을 가진 협약을 채택하는 데 실패하고 코펜하겐 합의(Copenhagen Accord)를 도출하는 선에서 마무리되었다. 코펜하겐 합의문을 통해 지구 평균온도 상승을 산업화 이전 대비 2℃ 이내에서 억제하고 개발도상국의 기후변화 대응을 위한 선진국의 단기 및 장기 재원 조성과 이를 위한 녹색기후기금(Green Climate Fund, GCF) 설립에 합의하였다. 2℃ 목표는 이듬해 칸쿤에서 열렸던 COP-16에서 채택한 칸쿤합의(Cancun Agreement)로 공식화되었다.[3] 2009년과 2010년에는 기후변화 대응의 긴급성에 대한 인식을 공유하고 대부분의 선진

3 IPCC에 따르면 지구 평균기온이 산업화 대비 2℃ 상승할 경우, 10억~20억 명이 물부족을 겪고 생물종 중 20~30%가 멸종하며 1,000~3,000만 명이 기근 위협에 시달리고 3,000여만 명이 홍수위험에 노출된다고 본다. 또한 여름철 폭염으로 인한 수십만 명의 심장마비 사망과 그린란드 빙하나 안데스산맥 만년설 소멸 등이 발생할 것으로 예상한다. 군소도서국연합(Alliance of Small Islans States, AOSIS)는 해수면 상승으로 인한 위험을 경고하면서 2℃가 아니라 1.5℃ 목표를 강력하게 주장하였다(외교부, 2015).

국은 절대량 배출 방식의 2020년 감축목표를, 다수의 개발도상국은 자국에 적합한 완화행동(Nationally Appropriate Mitigation Actions, NAMAs)으로서 2020년 배출전망치(Business-as-Usal, BAU) 대비 감축목표를 설정하였다.

지난 2011년 COP-17에서 채택한 더반 플랫폼(Durban Platform)에서는 교토의정서 연장에 합의하고 2020년부터 선진국과 개발도상국 모두 참여하는 새로운 기후체제를 출범시키는 데 합의하였다. 2012년 카타르 도하에서 열린 COP-18에서도하 개정안(Doha Amendment)를 채택하여 신기후체제 출범 전(2020년)까지, 즉 2013-2020년으로 교토의정서 체제를 연장하는 데 합의하였다. 부속서 I 국가들은 신기후체제 출범 전까지 교토의정서를 2020년까지 연장 적용하고 비부속서 I 국가들은 자발적 감축목표를 이행하기로 하였다. 그리고 선진국과 개발도상국이 함께 적용 받는 새 감축방안을 2015년까지 마련하기로 하였다. 이에 캐나다는 교토의정서를 탈퇴하였고 캐나다와 함께 러시아와 일본, 뉴질랜드도 연장된 교토의정서에 참여하지 않겠다고 선언하였다. 이로써 교토의정서 제2차 공약기간인 2013~2020년 사이에 양적인 감축목표 아래 의무적인 감축목표를 달성해야 하는 국가들은 EU 28개국을 포함한 선진국 37개 국가이며 교토의정서체제에 포함되지 않은 채 자발적 감축목표를 택한 국가들은 미국, 일본, 캐나다, 뉴질랜드 등을 포함한 선진 15개국과 중국 등 개도국 57개 국가가 되었다. 제2차 교토의정서 공약기간에 기존의 교토의정서 불참국인 미국 외에도 일본, 러시아, 캐나다, 뉴질랜드 등이 불참을 선언하면서, 교토의정서체제 참여국 전체의 배출량이 전 세계 배출량의 15%에 불과해 교토체제의 위상이 추락하였다.

2013년 COP-19 결과 채택된 바르샤바 메카니즘(Warsaw Mechanism)을 통해 모든 당사국들은 '2020년 이후(post-2020) 감축 기여 방안'(INDCs)을 자체적으로 결정하여 COP-21 개최 한참 전까지(well in advance of) 제출하기로 하였다. 2014년 페루 리마에서 열린 COP-20에서는 2015년 합의문을 구성할 주요 요소(elements for a draft negotiating text)를 채택하고 '기후행동을 위한 리마 요청서(The Lima Call for

Climate Action)'를 통해 INDC 범위와 제출시기를 구체화하였다. 준비가 되어 있는 국가의 경우 2015년 3월까지, 그렇지 못한 국가들은 COP-21 이전에 충분한 시기를 두고 국가별로 결정한 기여방안을 제출하고 개별 국가들이 10월 1일까지 제출한 INDCs를 기초로 UNFCCC 사무국이 '2℃ 이내' 목표달성 여부에 대한 종합보고서를 11월1일까지 작성하기로 하였다. INDCs는 UNFCCC 홈페이지에 게재되는데 감축 목표 수립시 각국이 현재의 감축행동을 넘어서는 강화된 수준이어야 한다는 "감축목표 후퇴방지(no baksliding)" 규정이 있다. 이상의 주요 국제기후변화 협상 결과를 요약적으로 표현하면 〈그림 5〉와 같다.

〈그림 5〉 UNFCCC COP의 결정

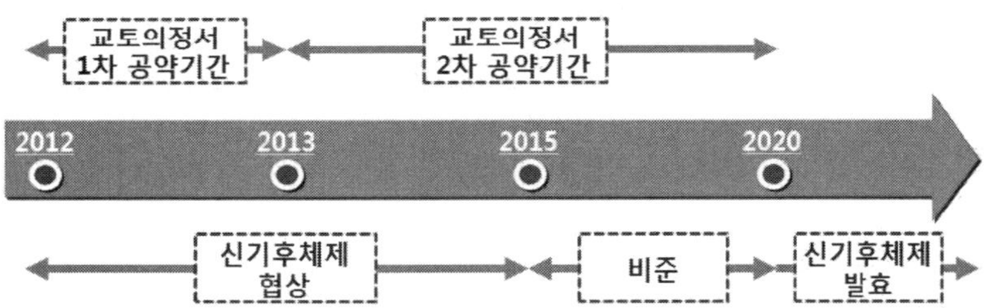

출처: 관계부처 합동, 2014, "국가 온실가스 감축목표 당성을 위한 로드맵."

2) 국가별 온실가스 배출 현황과 감축 목표

2011년 현재 토지이용과 산림변경을 포함할 경우 세계 온실가스 10대 배출국은 〈그림 6〉 왼쪽에 제시된 것처럼, 중국, 미국, EU28, 인도, 러시아, 인도네시아, 브라질, 일본, 캐나다, 멕시코 순이다. 이들 10개 국가의 온실가스 배출총량은 같은 해 세계 온실가스 배출량의 68%를 차지한다. 이들 10개국의 인구는 세계 인구의 60%, 구매력지수로 평가한 GDP로는 74%를 차지하여 인구에 비해 온실가스 배출 비중이 다소 높고 GDP(ppp)에 비해서는 다소 낮은 편이다. 이 국가들에는 선진국과 개도국이 모두 포함되어 있고 국가들의 인구나 GDP 수준이 다른데, 1인당 온실가스 배출량은 캐나다, 미국, 러시아, 일본, EU28, 인도네시아, 중국, 브라질, 멕시코, 인도 순이다. 멕시코와 인도의 1인당 온실가스 배출량은 세계 평균보다 낮다.

〈그림 6〉 2011년 세계 상위 10대 온실가스 배출국의 배출 총량(좌)과 1인당 배출량(우)

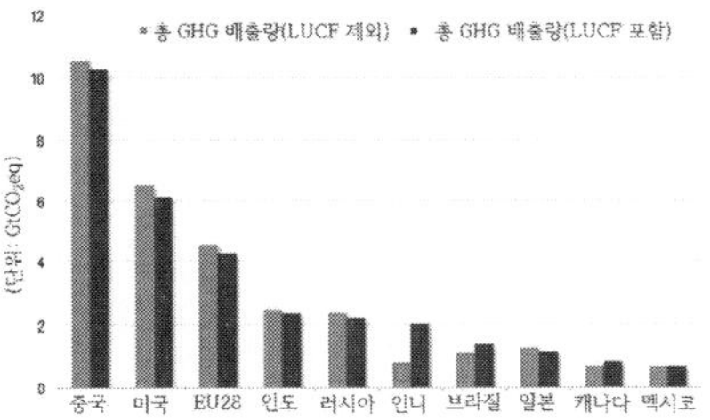

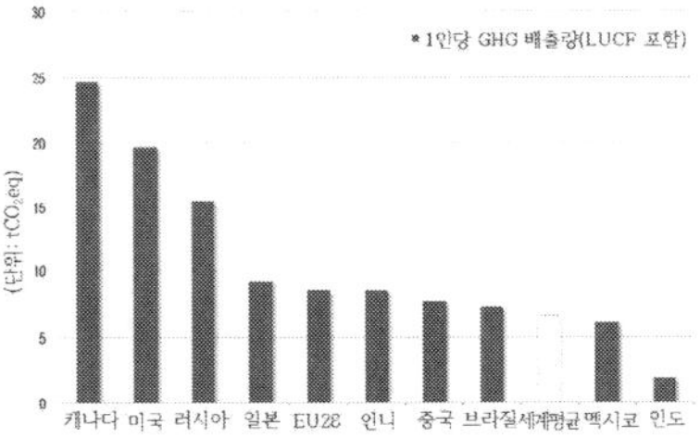

이 10대 배출대국들의 국가별 누적 배출량을 살펴보면, 〈그림 7〉에 제시된 것처럼 1990~2011년 사이 누적 배출량은 미국(16%), 중국(15%), EU28(12%), 러시아(6%), 브라질(5%), 인도네시아, 인도, 일본, 캐나다, 멕시코 순으로 이 국가들의 누적 배출량을 합하면 같은 기간 세계 누적 배출량의 69%를 차지한다. 그런데 기간을 늘려서 1850~2011년 사이 CO_2 누적 배출량을 살펴보면,[4] 미국(27%), EU28(25%), 중국(11%), 러시아(8%), 일본(4%), 인도(3%), 캐나다(2%), 멕시코, 브라질, 인도네시아 순이며 이들의 누적 배출량을 합하면 같은 기간 세계 누적 배출량의 83%를 차지한다. 소수 국가들이 대기라는 공동자원을 과도하게 이용해온 것이다. 특히 이들 가운데서도 미국, 중국, EU28이 국제 기후변화협상이 기준년으로 삼고 있는 1990년대 이후나 그 이전부터 오랜 기간동안 상당량의 온실기체와 CO_2를 대기 중으로 배출함으로써 기후변화를 야기해 온 것이다.

4 WRI에서 제공하는 자료를 활용하였기 때문에 각각의 기간에 대해 동일한 가스 정보를 사용하지 못했다. WRI가 1990~2011년 누적배출량에 대해서는 온실가스를, 1850~2011년 사이에는 CO_2를 대상으로 정보를 제공하고 있어 부득이하게 비교가 직접 가능하지 않게 다른 가스 정보를 사용할 수밖에 없었다.

〈그림 7〉 10대 온실가스 배출대국의 누적 온실기체 배출량 비중(좌)과 CO_2 배출 비중(우)

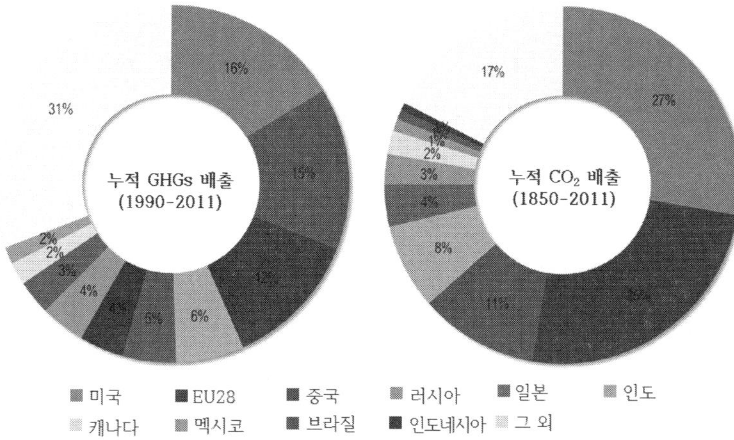

출처: WRI 홈페이지 자료 재구성

좀 더 직접적으로 온실기체 중 가장 높은 비중을 차지하는 연료 연소로부터 배출되는 CO_2 배출에 대해 살펴보면 〈표 1〉에 제시된 대로, 2012년 현재 세계 연료연소 기인 CO_2 배출량은 중국, 미국, 인도, 러시아, 일본, 독일, 한국, 캐나다, 이란, 영국이 10대 배출 대국에 속한다. 이들 10개 국가의 CO_2 배출량 합계는 66.1%로 세계 총 배출량의 약 2/3를 차지하고 있다. 하지만 이들 10개국의 인구 수는 세계 인구의 49.4%로 절반에 약간 못 미친다. 하지만 이들 국가는 세계 1차 에너지 공급의 61.9%를 점하고 있으며 구매력지수로 평가한 GDP로 57.4%를 차지하고 있다. 10개국 중 OECD 국가들은 미국, 일본, 독일, 한국, 캐나다, 영국 등 6개국이다. 중국과 미국의 연료연소에 의한 CO_2 배출은 각각 세계 배출의 25.9%와 16.0%로 두 국가를 합하면 41.9%가 된다. OECD 국가들은 개발도상국들에 비해 역사적 책임이 클 뿐 아니라 〈표 1〉에서도 알 수 있듯이 대개 인구 비중보다 GDP(ppp), 1차에너지공급과 함께 CO_2 배출 비중이 현저히 높다.

〈표 1〉 2012년 세계 10대 CO_2 배출대국의 인구·경제·에너지 소비

순위	국가	연료연소에 의한 CO_2 배출($MtCO_2$)		인구 (백만 명)		GDP_{PPP} (10억2005년US$)		1차 에너지 공급 (MTOE)	
1	중국	8,205.9	25.9	1,350.7	19.2	12,968.6	15.6	2,894.3	21.6
2	미국	5,074.1	16.0	314.3	4.5	14,231.6	17.2	2,140.6	16.0
3	인도	1,954.0	6.2	1,236.70	17.6	5,567.1	6.7	788.1	5.9
4	러시아	1,659.0	5.2	143.5	2.0	2,178.4	2.6	756.6	5.7
5	일본	1,223.3	3.9	127.6	1.8	3,993.8	4.8	452.3	3.4
6	독일	755.3	2.4	81.9	1.2	2,851.3	3.4	312.5	2.3
7	**한국**	**592.9**	**1.9**	**50.0**	**0.7**	**1,399.7**	**1.7**	**263.4**	**2.0**
8	캐나다	533.7	1.7	34.9	0.5	1,291.1	1.6	251.1	1.9
9	이란	532.2	1.7	76.4	1.1	1,053.3	1.3	219.6	1.6
10	영국	457.5	1.4	63.7	0.9	2,068.9	2.5	192.2	1.4
소계*		20,778.9	66.1	3,479.7	49.4	47,603.8	57.4	9,436.6	61.9
전체		31,734	100%	7,037	100%	82,901	100%	13,371	100%

주: *소계란 10대 국가들이 각 항목에서 차지하는 총계와 세계 비중을 의미함.
자료: IEA, 2014, *Key World Energy Statistics 2014*

COP-21을 앞두고 UNFCCC 당사국들 중 일부는 〈표 2〉에 제시된 것처럼 이미 INDCs를 발표하였거나 INDCs를 수립하는 과정에 있다. 이미 INDC를 UNFCCC 사무국에 제출한 국가들도 있고 리마요청을 통해 볼 때 마감시한으로 간주할 수 있는 9월 말까지 제출하겠다고 발표한 국가들도 있다. 이렇게 자발적으로 설정한 감축목표가 2℃ 목표를 달성할 수 있을지, 국가들 간에 어느 정도 형평성이 확보되어 기후정의를 실현할 수 있을지 전 세계적 관심이 집중되고 있다.

〈표 2〉 주요 국가들의 2020 감축목표와 post-2020 감축목표

(2015년 8월 현재)

국가	2020 감축목표 (칸쿤 선언)	Post-2020 INDCs			
		기준년	목표년	감축방식	감축목표
EU	1990 대비 -20% (상응 조치시 -30%)	1990	2030	절대량	-40%(재생가능에너지 비중 27%, 에너지 효율 27%)
미국	2005년 대비 -17%	2005	2025	절대량	-26%~-28% (2050 장기비전: 2005년 대비 -83%)
독일	1990년 기준 -40%,	1990	2050	절대량	2030년 -55%, 2040년 -70%, 2050년 -80~95%
스위스	1990년 대비 -20~30%	1990	2030	절대량	-50%
노르웨이	1990년 대비 -30% (상응 조치시 -40%)	1990	2030	절대량	최소 -40%(2050년까지 탄소 중립 경제)
캐나다	2005년 대비 -17%	2005	2030	절대량	-30%
호주	2000년 대비 -5~15% (세계적 감축시 -25%)	2005	2030	절대량	-26%~-28%
뉴질랜드	1990년 대비 -10% (세계적 감축시 -20%)	2005	2030	절대량	-30%
영국	1990년 대비 -34%	1990	2050	절대량	최소 -80%, 5년 단위 탄소 예산 설정
아이슬란드	1990 대비 -15% (상응 조치시 -30%)	1990	2030	절대량	-40%
일본	2005년 대비 -3.8%	2013	2030	절대량	-26%
모나코	1990년 대비 -30%	1990	2030	절대량	-50%(2050년까지 -80%)
러시아	1990년 대비 -15~25%	1990	2030	절대량	-25%~-30%
리히텐 슈타인	1990 대비 -20% (상응 조치시 -30%)	1990	2030	절대량	-40%
한국	BAU 대비 -30%	-	2030	BAU	-37% (국내 25.7+해외 11.3%)
브라질	BAU 대비 -36.1~38.9%				
멕시코	BAU 기준 -30% (단 적절한 지원 제공시)	-	2030	BAU	무조건 -25%, 조건부 -40% (2026년 정점)

싱가포르	BAU 대비 -16%	2005	2030	에너지원 단위	-36%
중국	2005년 대비 CO_2 집약도 -40~45%	2005	2030	에너지원 단위	-60~-65% (2030년 정점)
인도	2005년 대비 CO_2 집약도 -20~25%				
모로코	-	-	2030	BAU	-13%(조건부 -32%)
에디오피아		-	2030	BAU	-64%
세르비아		1990	2030	절대량	-40%
가봉		2000	2025	BAU	-50%
안도라		1990	2030	절대량	-37%
마샬군도	2009년 대비 -40%	-	2030	BAU	-32%
케냐	-	-	2030	BAU	-30%

주: 표의 국가들은 OECD 선진국을 포함한 기후변화협약 상 부속서 I 국가들, 경제이행국, 개발도상국들 순으로 배열하였음, 표에 제시된 국가들 외에도 도미니카공화국, 콩고, 지부티, 베닌 등의 개도국들이 2015년 8월에 INDC를 제출하였음.
자료: UNFCCC 홈페이지

현재 국제사회는 제2차 교토의정서 이행기간에 속해 있다. 2020년까지의 이 기간엔 앞서 기술했듯이 EU 28개국을 포함한 선진국 37개 국가만이 의무감축목표를 가지고 있으며 다른 국가들은 자발적인 감축목표를 선언하고 완화활동을 추진하고 있다. 국가별 감축목표의 자세한 내용은 〈표 3〉과 같다. 의무감축 국가들은 1990년 기준년도로 하여 대체로 20% 내외의 감축목표를 택하고 있는데 비해 자발적 감축을 선언한 국가들은 그보다 낮은 목표를 택하고 있다. 미국과 캐나다는 2005년 기준으로 17% 감축, 일본은 2005년 대비 3.8% 감축 등을 선언한 상태다. 개발도상국들은 배출전망치(Business-as-Usual, BAU) 방식이나 탄소집약도 개선 방식으로 감축목표를 선언하였다. 2000년대 들어 온실가스 배출 증가율이 상당히 높아진 상황이라 2020년 목표를 제대로 수행하는지도 상당히 중요하다.

4. 공유지 비극을 막기 위한 기후정의

1) 기후정의를 위해 현재까지 적용된 원칙에 대한 검토와 평가

앞서 살펴본 대로, 현재까지 국제사회에서 채택해 온 원칙은 사전주의의 원칙(precautionary principle), 공통적이지만 차별화된 책임원칙(CBDR), 각각의 부담능력(Respective Capacity)dlek. 2014년 리마회의에서는 '국가의 상황(National Circumstance)'를 고려한다는 내용이 추가되기도 하였다. 이러한 원칙을 당위적으로 받아들일 수밖에 없지만, 추상수준이 높기 때문에 이러한 원칙이 현실적으로 어떻게 구현되는가는 다른 차원의 문제이다.

우선 국제 기후변화협상에서는 모든 국가가 대응 필요성을 강조한 가운데 기후불의적 상황을 고려하여 산업화를 먼저 이행하고 화석연료 연소를 더 많이 해온 선진국들에 대해 보다 높은 감축 목표를 채택하도록 하고 있으며, 특히 OECD 선진국들에 대해서는 역사적 책임에 근거하여 개도국에 대한 재정지원과 기술 이전을 요구하고 있다. 개도국들에 비해 더 먼저 산업화를 추진하고 더 많은 화석연료를 사용한 경제이행국들의 경우 지불능력을 고려하여 이들에게는 개도국들에 대한 재정지원과 기술이전 의무를 부여하지 않고 있다. 개발도상국들의 경우 기후변화 유발에 대한 책임이 낮아 감축의무를 부과하지는 않았지만 누구도 기후변화 유발로부터 전혀 책임이 없지는 않다는 공통책임의 원칙에 따라 자발적 수준에서, 또 절대량 감축방식이 아니라 배출전망치 대비 감축 방식을 택하도록 권유하였다.

하지만 현재 2020년부터 새롭게 출범할 것으로 기대하고 있는 신기후체제의 경우 일단 자발적 기여방안, 즉 INDCs를 채택하도록 하였고 국가의 상황을 고려하여 반영할 수 있도록 하였기 때문에 이러한 접근이 세계적으로 요구되는 2℃ 상승 억제를 위한 탄소예산 범위 내에 있을지 상당히 의문스러운 상황이다. 게다가 INDCs의 범위나 제출 정보 등과 관련해서도 강제적인 의무를 부과하기보다 "consider"나 "may"라는 표현을 사용함으로써 개별 당사국이 선택적으로 적응계획이나 세부 정보를 제출하도록 한 것도 우려를 야기하는 대목이다. 즉, 앞서 논의했던 공동자원으로서의 대기 이용이 경합성을 가지고 있는만큼 1000GtCO_2라는 한계 내에서 대기 이용자들은 경합적인 관계이다. 또한 국가들이 자발적으로 결정한 감축 목표가 국가들 간에 책임과 부담의 형평성을 적절히 반영했는지는 의문이다. 대기의 비배제적 성격에 배제성을 부여할 때 이용자들이 동의할 수 있는 수준의 형평성이 지켜져야 한다.

책임의 이행은 자발성에 기초할 수도 있지만 책임을 다하지 않을 경우 제재도 필요하다. 하지만 현재의 국제기후변화협상에서는 미이행에 대해 제재를 취하기 어렵다. 부속서 B국가들(비경제이행국들인 OECD 국가들)에게 기후변화협약을 통해 개도국에 대한 재정지원과 기술이전이라는 특별의무를 부과하고 있지만 이는 의무가 아니라 자발적 기여의 성격을 띠고 있다. 현재 개도국의 기후변화 대응을 지원하기 위해 조성된 기후재원을 운용할 목적으로 녹색기후기금(Green Climate Fund, GCF)이 설립되어 있다. 2010년 COP-16에서 협약의 재정운용기구로 GCF를 설립하기로 합의하고 2011년 COP-17에서 기금의 설계방안을 채택하였다. 또한 COP-18에서는 같은 해 앞서 열린 제2차 GCF 이사회에서 GCF 사무국 유치가 한국 송도로 결정된 것을 인준하여 2013년 2월 인천 송도에서 GCF 사무국이 공식 출범하였다. COP-16에서는 '2020년까지 매년 1천억 불 조성'이라는 목표가 수립되었으며, 현재 30여 개국으로부터 약 102억불 규모의 초기재원이 확보된 상태다.[5] 하지만 GCF에 대한 기여는 '자발적 기부'의 형식을 취하고 있을 뿐 기후변화 유발 책임에 비례해서 벌과금 성격으로 부과되지 않고 있으며 기여의 규모 또한 개별 국가의 뜻에 달려 있을 뿐이다.

---

5 국가별 기여를 보면, 미국 30억 불, 일본 15억 불, 영국 약 12억 불, 독일 10억 불, 프랑스 10억 불, 스웨덴 40억 크로나(약 5.5억 불), 이탈리아 약 3억 불, 노르웨이 2.58억 불, 네덜란드 약 1.3억 불, 스위스 1억 불 등 기여하였음. 우리나라는 2014년 9월 기후정상회의 당시 1억 불을 공약한 상태임.

또한 현재 감축목표 부과방식은 국가를 단위로 하고 있으며 생산활동에 기초한 온실가스 배출 통계에 기초하고 있다. 〈표 3〉과 〈그림 6〉에서 알 수 있듯이 CO_2나 온실가스 배출에 대해 각 국가의 배출총량을 기준으로 하느냐와 1인당 배출량을 기준으로 하느냐는 차이가 있다. 또한 현재적 배출과 역사적 배출 중 어느 부분을 더 중시하느냐, 역사적 배출의 경우에도 〈그림 7〉에 제시된 것처럼 어느 정도 시기까지를 역사적 책임 배출을 고려하는 기간으로 삼느냐에 따라 국가별 기후변화 유발 책임은 달라지게 된다.

〈표 3〉 기준 변화에 따른 국가별 순위 변화

(단위: %)

	CO_2 총 배출량++		GHG 총 배출량*+		CO_2 총 배출량/인++		CO_2 누적 배출량 (1850~2011)		소비-탄소 배출량+++	
1	중국	26.00	중국	22.4	기브랄타	152.0	미국	27.7	미국	29
2	미국	15.99	미국	13.4	버진아일랜드	113.7	EU	25.0	호주	21
3	인도	6.16	인도	5.1	카타르	79.8	중국	10.8	캐나다	20
4	러시아	5.23	러시아	4.8	안틸레스	51.3	러시아	7.8	스위스	18
5	일본	3.85	인니	4.5	바레인	42.7	일본	3.8	핀란드	18
6	독일	2.38	브라질	3.1	UAE	40.3	인도	2.7	네덜란드	17
7	한국	1.87	일본	2.6	트리니다드	38.9	캐나다	2.1	벨기에	17
8	캐나다	1.68	캐나다	1.8	싱가폴	35.6	우크라이나	2.0	아일랜드	16
9	영국	1.44	독일	1.8	쿠웨이트	31.5	호주	1.1	키프로스	16
10	브라질	1.39	멕시코	1.6	몬드세라트	28.7	멕시코	1.1	영국	15

주: +2011년 통계; ++2012년 통계; +++2001년 통계
*LULUCF(토지 이용 · 토지전용 · 산림분야, Land Use, Land Use Change and Forestry) 포함.
CO_2 총 배출량/인의 경우 단위는 tCO_2

자료: IEA, 2014, CO_2 Emissions from Fuel Combustion; WRI, 2015, CAIT 2.0; 외교부, 2015, 기후변화 바로알기 재구성

국가들 간에 이루어지는 상품의 수출입은 배출 책임에 대한 논의구조를 좀 더 복잡하게 만든다. 현재 국가 배출 통계는 생산활동에 기초한 배출 통계(production-based inventory, PBI)를 택하고 있다(IPCC, 1996; IPCC, 2006; 윤순진, 2010 재인용). PBI란 주권이 미치는 국경(national boundary) 내에서 발생하는 배출이나 흡수에 대한 것으로 배출량을 한정하는 배출 통계 방식이다. 내수용이든 수출용이든 한 국가의 국경 내 '생산활동'에서 발생하는 직접적인 GHG 배출이나 흡수는 포함하지만 최종재든 중간재든 수입품을 통한 간접 배출은 포함하지 않는다(윤순진, 2010).

이러한 현재의 국경을 기준으로 한 통계체계(territorial system)는 두 가지 점에서 문제가 있다(Peters and Herwich, 2008 Peters, 2008). 첫째, 각 국가 내에서 직접적인 사회경제활동을 통해 배출되는 GHG만을 포함하도록 되어 있어서 국가 간 거래에서 발생하는 배출이 원천적으로 배제되고 있다. 가령 국제 수송에서 야기되는 GHG 배출량이 개별 국가 배출에 포함되지 않는다. 둘째, 탄소누출(carbon leakage)을 야기할 가능성이 높다. 탄소누출이란 배출감축의무가 있는 부속서 I 국가가 탄소집약적인 산업을 감축의무가 없는 비부속서 I 국가로 적극적으로 이전하거나, 직접 상품을 생산하지 않고 비부속서 I 국가로부터 수입하여 대체할 경우, 세계 배출량이 증가함에도 불구하고 부속서 I 국가의 배출량이 감소하는 것처럼 보이는 현상을 말한다. 중국과 같은 개도국에서 생산된 제품은 부속서 I 국가들에서 상당부분 소비되는데 탄소배출량을 생산부문 배출만으로 간주하여 생산국의 배출통계로 반영하고 있을 뿐이다. 생산이 아닌 소비 측면에서 배출량을 평가한다면 상황은 상당히 달라지게 된다. 〈표 3〉의 소비-탄소 배출량은 2001년 자료로 다소 오래되었지만 전 세계에서 보여지는 소비-탄소배출량 통계자료는 기후정의를 위해 현재의 배출 통계 방식 또한 변화될 필요가 있음을 시사한다.

2) 새로운 접근에 대한 제안

이러한 국제사회의 공식적인 흐름이 국가간 형평성이나 개별 국가 내에 있는 개인들의 책임과 부담능력을 충분히 고려하지 못했다는 비판과 성찰에 기초해서 2007년 이후 미국의 '생태형평성(EcoEquity)'이란 실천적인 싱크탱크와 스톡홀름 환경연구소(Stockholm Environment Institute)가 공동으로 개발하고 이를 Heinrich Böll Foundation에서 지원하여 세련화시킨 "온실가스발전권(Greenhouse Development Right, GDR)"이란 개념이 새롭게 제안된 상태다.

GDR은 기후정의를 실현하기 위해 배출 책임과 부담능력을 "형평성"의 원칙에 기초해서 접근해야 한다는 관점을 바탕으로 각 국가의 온실가스 감축부담을 공평하게 배분하기 위한 개념이다. 1990년대 이래 누적 온실가스 배출량을 근거로 배출 책임의 정도를 평가하고 1인당 GDP로 측정되는 감축능력에 기초해서 배출 감축 수준을 할당한다. 단순히 선진국과 개도국으로 국가단위로 이원화하지 않고 국가 내부의 개인별 배출 책임과 감축 역량을 고려한다. 선진국이라 하더라도 일부 인구 집단은 사회경제적 취약계층으로 기후변화에 대한 책임은 적으나 오히려 부정적 영향을 입을 가능성이 큰 반면 개도국의 일부 인구 집단은 자국의 1인당 평균 배출량이 낮은 가운데서도 상당한 소비 수준으로 엄청난 양의 온실가스를 배출하고 기후변화 대응에 동원할 수 있는 경제적 능력이 있다는 점에 착안한 것이다. 온실가스발전권이란 관점에서는 하루 20달러 또는 일 년에 7,500 달러를 삶의 질을 보장할 수 있는 발전의 문턱으로 간주해서 그 이하 인구의 온실가스 배출량에 대해서는 감축 책임을 묻지 않는다. 생존을 위한 배출로 보기 때문이다.

또한 그들은 기후변화 대응능력도 없기에 그렇다. 하지만 선진국이든 개도국이든 그 이상의 인구 비중에 대해서는 감축 책임을 할당한다. 책임역량지수(the Responsibility and Capacity Indicator, RCI)가 바로 이러한 논리를 기초로 제시되었다. "RCI = a R + b C" 또는 "$RCI = R^{a*}C^{b}$"로 나타낼 수 있는데, R은 일인당 누적 배출량을 토대로 계산하고 C는 일인당 소득수준을 토대로 도출한다. a, b는 가중치를 의미한다. 책임과 역량 중 어느 쪽을 더 무겁게 보느냐에 따라 조정한다. RCI가 도출되면 이는 2℃ 상승억제를 위해 요구되는 전 지구적 비용에 어느 정도 기여할 것인지를 결정하는 기준이 되고 감축목표를 달성하는 기준으로 활용할 수 있다. 이러한 GDR 접근은 일정 수준의 발전을 보장하면서 기후정의를 구현할 수 있는 새로운 대안적 틀이 될 가능성이 높다. 〈그림 8〉과 〈그림 9〉는 GDR의 기본적인 접근방식을 보여준다.

〈그림 8〉 온실가스발전권의 기본 접근 방식

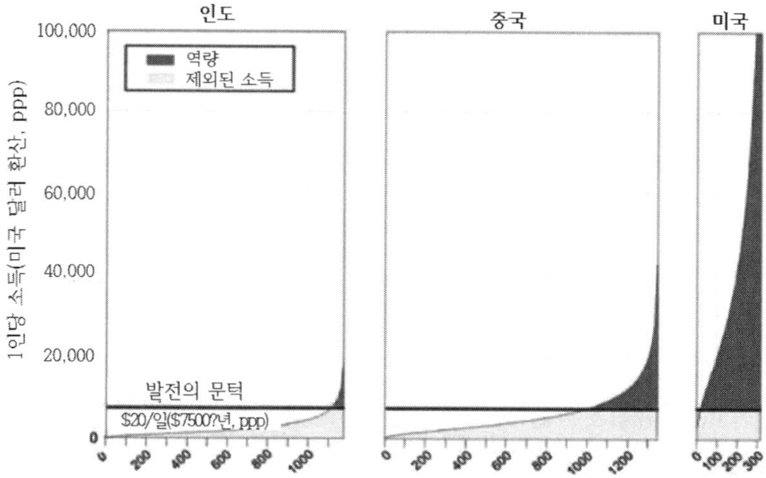

출처: Baer et al, 2008, "The Greenhouse Development Rights Framework."

〈그림 9〉 온실가스발전권 개념에 따른 국가별 배출 감축 책임

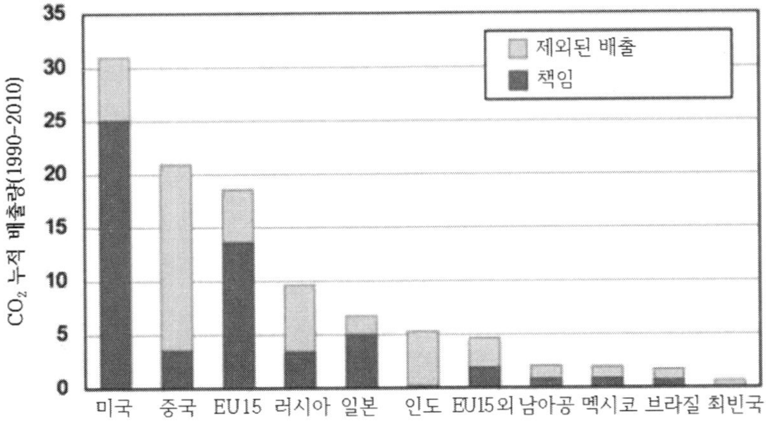

출처: Baer et al, 2008, "The Greenhouse Development Rights Framework."

하지만 현재 제출된 GDR 접근은 누적 배출량에 대한 책임을 1990년부터 계산하고 있고 책임과 역량의 가중치를 동일하게 잡고 있다. 따라서 어느 시점부터 배출 책임을 물을 것인지, 책임과 역량 중 무엇을 더 무겁게 다룰 것인지는 협상에 달려 있다. 또한 앞서 지적한 배출 통계의 성격을 문제 삼지 않고 있다. 생산에 기반한 배출통계를 유지할 것인지, 소비에 기반한 배출통계로 전환할 것인지도 논의되어야 한다. RCI에 따라 부담하게 되는 기후변화 대응 재원에의 기여분은 나름 제안되고 있지만 각 국가들이 그러한 제안을 따르지 않을 경우 어떻게 할 것인지도 논의와 합의가 필요가 대목이다. 더 본질적으로는 GDR 접근에서 전제하고 있는 발전이 진정으로 모두가 추구해야 하는 발전인가에 대한 근본적인 회의가 존재한다. 이러한 발전은 여전히 산업화를 필요로 하며 서구화나 서구적 생활방식으로의 편입을 의미할 가능성이 높기 때문이다.

5. 나가며

일찍이 1992년에 채택된 기후변화협약을 통해 국제사회는 기후체계를 안정화시키기로 합의하였고 기후변화를 야기한 책임과 기후변화가 미치는 영향의 차별적 효과에 대한 인식을 공유하고 있다. "공통적이지만 차별화된 책임 원칙"과 "능력에 입각한 부담원칙"은 누구의 반대도 있을 수 없이 확고하게 자리잡은 원칙들이다. "형평성"이란 가치가 실현되지 않으면 모두의 참여를 이끌어내기 어렵기 때문에 지구환경문제인 기후변화의 해결은 요원하게 된다. 따라서 형평성을 충족하면서 2℃ 이내로 지구표면 온도 상승을 억제해야 하는 긴급한 필요를 실현해야 한다.

지금 당사국들은 INDC를 수립하고 있다. 하지만 INDC가 어느 정도 국가간 형평성을 충족할 정도로 상응성(comparability)를 가질 수 있을지, 개별 국가의 INDC 총합이 2℃ 목표를 달성할 수 있을지 알기 어려우며 현재 비관적인 전망이 우세한 상황이다. 하딘이 애초에 자연의 부양능력을 넘어서는 인구증가 문제의 심각성에 관심을 두고 공유지의 비극을 주창했지만 사실 하딘이 예로 들었던 닫힌 공유지는 오히려 지역주민들이 공동체 구성원들만 공동자원을 활용할 수 있도록, 또 공동자원이 자신들 삶에 기반이 된다는 인식을 기초로 지속가능한 이용이 가능할 수 있도록 나름의 규칙과 규범을 만들어 관리함으로써 공유지의 비극이라 불리는 상황을 막을 수 있었다. 자연상태로 둘 경우 공동자원이 가지는 비배제성에 공동체 구성원 이외 외부인의 출입과 이용을 통제함으로써 배제성을 확보하고 경합성의 한계를 인식해서 출입과 이용의 빈도와 강도를 조절했던 것이다(윤순진, 2014). 하지만 대기는 대부분의 공동자원과 달리 눈에 보이지도 않고 유동적이며 경계를 지을 수 없는 속성을 지니고 있어서 다루기 쉽지 않다. 오스트롬 등(1998)은 이용자가 자원에 의존하고 자원에 대한 공동의 이해를 공유할 때, 이용자가 자율적 통제 기구를 구성할 수 있을 때, 성공적인 관리의 선행 경험을 가질 때, 공유지가 보다 성공적으로 관리될 수 있는 것으로 분석하였다. 하지만 대기 공유지의 경우 의존하고 있는 대기 공유지의 가치나 경합성에 대해 인식하는 것이 쉽지 않으며 온실가스 배출 행위와 결과의 시간지체로 인해, 또 기든스 패러독스라 명명된 인지의 어려움으로 인해 무임승차의 문제가 발생할 수 있다. 하딘이 주창한 상호합의된 상호강제를 이루기가 그만큼 더 어려운 것이다.

그렇다면 어떻게 할 것인가? 이 지점에서 시민사회의 성찰과 각성, 새로운 실천이 요구된다. 온실기체를 배출하는 일체의 행위가 모든 행정작용이나 시장기제를 통해 제어되기는 어렵다. 기후변화의 심각성에 대한 이해와 성찰을 통해 현재의 생활방식과 산업구조를 바꿔내지 않으면 우리의 과도한 온실가스 배출행위를 변화시키기 어렵다. 그렇다면 누가 어떻게 해야 할 것인가? 유엔체제에서 정부 대표들이 진행하는 협상과정이 보다 진전된 내용을 담을 수 있도록, 또 개별 국가 내부에서 보다 적극적인 감축 목표 설정과 정책수단의 선택이 이루어질 수 있도록 비정부기구의 감시자(watchdog) 역할이 보다 강화되어야 한다. GDR과 같은 접근이 현실적 힘을 가지기 위해서는 일반 시민이 그러한 개념을 이해하고 정부에 채택을 위한 압력을 가할 수 있어야 한다. 일반 시민의 이해와 협력 없이 기후변화 문제를 풀기는 어렵고 한 사회의 노력만으로 해결이 어려운 만큼 시민단체들이 보다 적극적으로 시민을 대상으로 홍보와 교육을 진행해야 하며 전 세계 시민단체들의 국제 연대 또한 더 강화되어야 한다.

참고문헌

외교부. 2015.「기후변화 바로알기」

윤순진. 2014. "한국의 전통적인 공유지 관리 방식과 공유지 비극론의 재구성,"『환경사회학 이론과 환경문제』 한울: 248-291.

_____. 2010. "지속가능한 소비를 위한 국제 기후변화 대응방안: 생산중심적 배출통계의 교정을 중심으로,"「한국정책학보」 19(2): 183-215.

_____. 2009. "공유지 비극론의 재이해를 토대로 한 마을 숲의 지속가능한 관리,"「농촌사회」, 19(2): 125~66쪽.

최현. 2013a. "공동자원 개념과 제주의 공동목장: 공동자원으로서의 특징,"「경제와사회」 98: 12-39.

_____. 2013b. "제주의 토지와 지하수: 공동자원으로서의 공통점과 차이점,"「ECO」 17(2): 79-106.

Agyeman, Julian, "Environmental Justice" in *Sustainable Communities and the Challenge of Environmental Justice*. New York: New York University Press, 2005, pp. 14~38.

Baer, Paul, Tom Athanasion, Sivan Kartha and Eric Kemp-Benedict, 2008, "The Greenhouse Development Rights Framework: The right to development in a climate constrained world." Publication Series on Ecology - Volume 1 Published by the Heinrich Boll Foundation, Christian Aid, EcoEquity and the Stockholm Environment Institute.

Hardin, Garret. 1968. "The Tragedy of the Commons," Science. Vol. 162. (John Dryzek and Schlosberg(eds.), Debating the Earth: The Environmental Politics Reader에 재수록: 23-34.

_____. 1994. "The Tragedy of the Unmanaged Commons," Trends in Ecology & Evolution. Vol. 9, No. 5: 199. 1994.

_____. 1998. "Extensions of the Tragedy of the Commons," Science. Vol. 280, No. 5364: 682-683.

IEA, 2014, *CO_2 Emissions from Fuel Combustion*.

_____. 2014, *Key World Energy Statistics 2014*

IPCC, 2014, *Climate Change 2014: Impacts, Adaptation and Vulnerability*.

_____. 2014. *Climate Change 2014: Synthesis Report*.

Ostrom, Ellinor. (1990) "Governing the Commons: The Evolution of Institutions for Collective Action" Cambridge University Press.